Die Kunst, Menschen zu führen

Notker Wolf OSB, Dr. phil., geb. 1940 in Bad Grönenbach im Allgäu, studierte Philosophie, Theologie und Naturwissenschaften in Rom und München. 1961 trat er in die Benediktinerabtei St. Ottilien am Ammersee ein und wurde 1977 zum Erzabt gewählt. Seit 2000 ist er als Abtprimas des Benediktinerordens mit Sitz in Rom der höchste Repräsentant von mehr als 800 Klöstern und Abteien auf der ganzen Welt – und somit auch Oberhaupt eines globalen »25 000-Mitarbeiter-Unternehmens«. Besonders am Herzen liegt ihm der interkulturelle Dialog mit China, Nordkorea und anderen Regionen. Sein erstes Buch »Worauf warten wir – Ketzerische Gedanken zu Deutschland« wurde ein Bestseller.

Die Salesianerin Don Boscos **Schwester Enrica Rosanna** stammt aus dem norditalienischen Busto Arsizio. Sie ist Professorin für Religionssoziologie und war viele Jahre Rektorin der Päpstlichen Fakultät für Erziehungswissenschaften, bevor im Jahre 2004 Papst Johannes Paul II. sie zur Vizesekretärin der vatikanischen Ordenskongregation ernannte. Damit bekleidet sie das höchste Amt, das jemals eine Frau im Vatikan innehatte, und ist weltweit für 200 000 Ordensmänner und 800 000 Ordensfrauen zuständig.

Abtprimas Notker Wolf
Schwester Enrica Rosanna

Mit Leo G. Linder

Die Kunst, Menschen zu führen

Weltbild

INHALT

01 DAS EWIG GUTE VORBILD
Über die Aktualität der Regel Benedikts

Abtprimas Notker Wolf

Es erwartete mich keine leichte Aufgabe, als ich 1977 zum Erzabt von Sankt Ottilien gewählt wurde. Nicht nur, dass mir damit die Sorge für diese Abtei und ihre hundertachtzig Mönche zufiel, gleichzeitig war ich nun auch für unsere Klöster in Afrika und Asien, in Nord- und Südamerika zuständig, denn Sankt Ottilien ist ein Missionskloster. Obendrein trat ich mein Amt in einer Zeit des Umbruchs an. In den deutschen Klöstern (wie in den europäischen ganz allgemein) wurde damals die Autorität des Abtes immer stärker infrage gestellt. Bis dahin in unangefochtener Position, sahen sich die Äbte auf einmal einer permanenten Bewährungsprobe ausgesetzt. Sie mussten ihre Entscheidungen erklären, rechtfertigen, verteidigen und erlebten, dass ihr Führungsstil nicht mehr kommentarlos hingenommen wurde. Und außerhalb Europas brach für viele Klöster ebenfalls eine neue Zeit an, weil wir damals zu gemischten Klöstern übergingen, uns also auf das Zusammenleben von europäischen und einheimischen Brüdern oder Schwestern im selben Kloster umstellten, was vor allem in Afrika nicht reibungslos verlief.

Auf mich als Erzabt kamen seinerzeit wertvolle Lehrjahre in der Kunst der Menschenführung zu, denn überall, im altvertrauten bayerischen Heimatkloster wie in unseren Klöstern außerhalb Europas, ging es nun darum, über die langen Schatten der Vergangenheit zu springen, den alten benediktinischen Gemeinschaftsgeist wiederzubeleben und zu neuen, freieren Formen des Zusammenlebens und Zusammenwirkens zu finden, ohne die Autorität des Abtes im Kern anzutasten. Ich kann von Glück sagen, dass mir in jenen Jahren zwei großartige Lehrmeister zur Seite standen. Der eine war unser Ordensgründer, der heilige Benedikt von Nursia, dessen Regel mir vom ersten Tag an als theoretische Richtschnur für kluge Menschenführung diente. Und der andere war mein damaliger Prior Paulus, dem ich zahllose Beispiele dafür verdanke, wie kluge Menschenführung in der Praxis auszusehen hat. Mittlerweile trage ich als Abtprimas die Verantwortung für den Benediktinerorden als Ganzes, aber von den Erfahrungen mit diesen beiden zehre ich bis heute. Ich möchte deshalb zunächst einmal erzählen, was es für mich von ihnen zu lernen gab.

«Das ewig gute Vorbild bringt mich langsam um ...» Der Stoßseufzer stammt von meinem alten Prior, und er war, wie manches aus seinem Mund, nicht ganz ernst gemeint. Denn Prior Paulus brauchte sich nicht sonderlich anzustrengen, um mir – und anderen – ein Vorbild zu sein. Der war so, wie er war, der musste keinem etwas vormachen; und so, wie er war, hätte ich mir meine Mitbrüder alle gewünscht, so unerschütterlich gelassen, so treffsicher despektierlich, so gnadenlos offen (wenn nötig) und so loyal. Doch Prior Paulus war – leider oder gottlob – einmalig: ein Hüne von Gestalt, Bauernsohn aus dem Allgäu, Bürgermeistersohn, ausgestattet mit der unschätzbaren Gabe, niemanden übertrieben ernst zu nehmen und das Leben aus der höheren Warte dessen zu betrachten, der sich selbst am allerwenigsten ernst nimmt. Ich sehe ihn noch beim Chorgebet mir gegenüber stehen, in meinem alten Kloster Sankt Ottilien: Eben noch in einen Psalmentext versunken, zuckte im nächsten Augenblick ein durchaus merkliches Grinsen über sein Gesicht – höchstwahrscheinlich die plötzlich aufflackernde Erinnerung an einen Menschen, der sich ihm gegenüber aufgespielt und einen seiner berühmten Dämpfer abbekommen hatte.

Nicht alles, was ihn als Prior auszeichnete, hatte zu seiner mentalen Grundausstattung gehört. Er hatte früh damit begonnen, an sich zu arbeiten, und schon als Schüler den beinahe sportlichen Ehrgeiz entwickelt, sich so viel Gleichmut anzueignen, dass ihn nichts und niemand mehr zu ärgern vermochte. Der Entschluss dazu ging auf ein Erlebnis Mitte der Zwanzigerjahre am Missionsseminar von Sankt Ottilien zurück, wo er einen Pater als Lehrer gehabt hatte, der es nicht lassen konnte, vor der Klasse über das Kloster und seine Mitbrüder herzuziehen. Er und zwei seiner Freunde schworen sich seinerzeit: Dieser Fehler darf uns niemals unterlaufen – stellten ein Sparschwein in ihrem Schlafraum auf und verpflichteten sich, für jede unkontrollierte Aufwallung von Zorn oder Empörung einen Zehner hineinzutun. «Nach einem halben Jahr», erzählte mir Prior Paulus später, «hatten wir uns im Griff. Seither ist es keinem mehr gelungen, uns in Rage zu bringen.» Alle drei sind dann in ein Kloster eingetreten, und einer wie der andere legten sie zeitlebens eine beeindruckende innere Freiheit an den Tag.

Als ich längst Erzabt von Sankt Ottilien war, besuchte mein Prior eines unserer Klöster in Afrika, und beim Frühstück mit den deutschen Schwestern dort gab er ebendiese Geschichte von seinem Sieg über die Unbeherrschtheit zum Besten. Das, meinten die Schwestern, hätten sie auch längst gelernt. Nichts könne sie mehr aus der Ruhe bringen, nichts aufregen. Nun hatte eine dieser Schwestern ihm freundlicherweise die Schuhe geputzt, weil er schon alt und steif war. Minuten später streift sich mein Prior ächzend einen Schuh vom Fuß, untersucht ihn von allen Seiten, stochert mit einem Messer in der Sohle herum und richtet sich wieder auf. «Schauen Sie mal, Schwester», sagte er mit Engelsmiene, «hier unten ist doch tatsächlich noch etwas Dreck ...» Da hätten Sie die Schwestern sehen sollen: Alle gingen gleichzeitig an die Decke. Und mein alter Prior? Er grinste.

Nicht jeder kam mit seiner Art zurecht. Und nicht jeder der vier Äbte, unter denen mein alter Prior dem Kloster fast vierzig

Jahre lang gedient hat, wusste ihn zu nehmen. Ihn selbst konnte nichts erschüttern, aber mit seiner Standfestigkeit hat er andere erschüttert, und einige empfanden seine Geradlinigkeit als bedrohlich. Mein Vorvorgänger in Sankt Ottilien setzte ihn sogar als Prior ab, musste diese Entscheidung jedoch gleich wieder rückgängig machen, weil es einen Aufstand im Konvent gab. Erst im Angesicht des Todes kam es zur Aussprache zwischen den beiden. Der Abt, vom Krebs gezeichnet, holte ihn an sein Bett und rang sich zu dem Geständnis durch: «Pater Prior, jetzt glaube ich endlich, dass Sie nicht nach meinem Amt getrachtet haben.» Nein, es war gewiss nicht immer leicht, Abt unter Prior Paulus zu sein.

Dabei hatte er zu keiner Zeit die Ambition, selber Abt zu werden. Das Angebot eines anderen Klosters, ihn dort zum Abt zu wählen, beschied er kurz und bündig mit den Worten: «Ich werde niemals eine Mitra auf meinem Haupt herumschleppen.» Schreckte er vor der Verantwortung zurück? Wohl kaum. Als Prior war er die Idealbesetzung, der perfekte zweite Mann. Aber er scheute den blendenden Glanz des Rampenlichts und die Konzessionen an den frommen Mummenschanz, die das Amt des Abtes von ihm verlangt hätte. In der zweiten Reihe fühlte er sich freier. Als Abt hätte er der hierarchischen Selbstdarstellung mehr Tribut zollen müssen, als sich mit seiner Verachtung für Autoritätsgläubigkeit und Statussymbole vereinbaren ließ. Dieser Mann konnte bis zum Sarkasmus gehen in seinem Widerwillen gegen alles, womit sich die Macht herausputzt, und ich gestehe, dass mir seine Haltung mit der Zeit in Fleisch und Blut überging. Manche seiner Kommentare sind für mich zu wahren Hirtenworten geworden. Und jedes Mal, wenn ich den Vatikan betrete, kommt mir sein Ausspruch in den Sinn: «Wissen Sie, Vater Erzabt, welcher der schwärzeste Tag in der Geschichte der Menschheit war? Der Tag, an dem sich die Bischöfe zum ersten Mal mit den Insignien geschmückt haben (also den ganzen Hoheitszeichen wie Mitra, Kreuz und Krummstab).» Dann hatte der riesige Kerl Luft geholt und war mit größerer Lautstärke fortgefahren: «Aber noch viel, viel schwärzer war der Tag, als die Äbte es den Bischöfen nachgetan haben!»

Das «ewig gute» Vorbild meines Priors hatte jedenfalls größte erzieherische Wirkung auf mich. Was habe ich von ihm gelernt? Dass man mit Humor und Selbstironie sehr weit kommt, gleichgültig, ob man als Abt 180 Mönchen vorsteht oder als Abtprimas für fünfundzwanzigtausend Mönche und Nonnen weltweit zuständig ist. Dass man mit Aufrichtigkeit noch weiter kommt. Und dass man ungeahnt weit kommt, wenn man sich weder durch Kardinalspurpur noch Präsidententitel noch Dienstwagen und reservierte Firmenparkplätze gleich neben der Garagenausfahrt beeindrucken lässt. Mit anderen Worten: Prior Paulus hat mir vorgemacht, was Autorität sein könnte und sein sollte. Er hat mir die Augen dafür geöffnet, wie heilsam sich Autorität auswirkt, wenn man die Schale des autoritären Gebarens zerschlägt und das zum Vorschein kommt, was Autorität im Kern bedeutet: Verantwortung und Fürsorge und Dienst. Von dieser Schale befreit, entfaltet die Autorität ihre befreiende, ihre Geist und Seele befreiende Kraft.

So gesehen war Prior Paulus vor allem ein vorbildlicher Christ. Denn eben das ist im Sinne Jesu Christi, und eben das sollte das Christentum deshalb auch immer wieder leisten, nämlich: alle falschen Werte infrage stellen, allen falschen Glanz zerstören, alle angemaßte Autorität als eitel und hohl entlarven. Davon abgesehen war er aber auch eine Führungspersönlichkeit ganz nach dem Herzen unseres Ordensgründers, des heiligen Benedikt von Nursia. Wenn man die Regel studiert, die Benedikt seinen Klöster gewissermaßen als Verfassung mit auf den Weg durch die Jahrhunderte gegeben hat, dann stößt man allenthalben auf eben jene Vorstellungen von Autorität, die mein Prior für uns verkörperte – nur dass Benedikt durchweg ernstere Formulierungen für sie fand, als wir sie von Prior Paulus zu hören gewöhnt waren.

Für Benedikt ist Autorität nur dann gerechtfertigt und gut, wenn sich Amtsgewalt mit der Sorge um jeden Einzelnen paart, wenn sie sich mit dem Respekt vor der Individualität, dem je unterschiedlichen Vermögen und der Besonderheit der persönlichen Bedürfnisse verbindet. Wenn Benedikt den Abt also mit weitreichenden Befugnissen ausstattet, dann nicht nur deshalb, weil einer das letzte Wort haben muss, sondern weil er Autorität als eine Instanz versteht, die weiterhilft, die unterstützt, die ermutigt und ermahnt und jederzeit den Fortschritt und das Wohl derjenigen im Auge hat, die ihr anvertraut sind. Zweck echter Autorität ist es mithin stets, Menschen zu größerer Selbständigkeit zu verhelfen und zu einem umfassenderen Verständnis dessen, was im Bereich ihrer Möglichkeiten liegt – mit anderen Worten: zur Freiheit.

So verstehe ich Benedikt. Seine Regel erscheint mir deshalb menschlich und klug. Aber ist sie auch noch aktuell? Sie wurde vor anderthalb Jahrtausenden verfasst, in einer Zeit des Zusammenbruchs, als mit dem Weströmischen Reich die Antike unterging. Kann man ihr heute wirklich noch entscheidende Anregungen abgewinnen für die Kunst, Menschen zu führen?

Schauen wir uns Benedikts Regel näher an. Sie ordnet eigentlich erstaunlich wenig – praktische Dinge vor allem, den Tagesablauf der Gemeinschaft, den Umgang mit dem Klostereigentum, die Psalmenfolge des Stundengebets. Immer wieder aber kreisen Benedikts Überlegungen um die Fragen: Was qualifiziert einen Menschen dazu, andere zu führen? Wie sollte er an seine Aufgabe herangehen, wie viel Rücksicht nehmen, wie viel Nachsicht üben, wie viel Strenge walten lassen? Und wie kann der Abt seine Autorität so einsetzen, dass im Kloster eine Atmosphäre entsteht, in der sich Menschen frei entfalten können? Kurzum, Benedikt geht es vor allem darum, in seiner

Regel unerlässliche Ansprüche an die Persönlichkeit des Führenden zu formulieren und Maßstäbe für eine ebenso sach- wie menschengerechte Führung aufzustellen. Und diese Maßstäbe sind nach meinem Dafürhalten auch deshalb zeitlos gültig, weil sie im Menschenbild der Bibel, in der christlichen Anthropologie wurzeln.

Für mich gibt es kein realistischeres Menschenbild. Keines, das die Conditio humana treffender beschreibt. Warum? Weil die christliche Anthropologie den Menschen in seiner fundamentalen Widersprüchlichkeit begreift. Zum einen nämlich als Geschöpf und Ebenbild Gottes, daher mit Würde, mit Menschenwürde ausgestattet und deshalb unantastbar, ja heilig. Und zum anderen als schwach, als fehlbar und verführbar, kurz: als Sünder. Diese Auffassung vom Menschen hat praktische Folgen für den Umgang mit Menschen, weil mir der christliche Glaube ein ideelles Fundament für den gegenseitigen Respekt liefert und gleichzeitig eine ständige Motivation, diesen Respekt immer wieder neu zu beweisen. Es steht jetzt nicht mehr in meinem Belieben, die Menschenwürde des anderen mal zu achten, mal außer Acht zu lassen. Respekt ist zu einer unwandelbar gültigen Maxime meines Verhaltens geworden, auch gegenüber den unsympathischen Vertretern unserer Gattung. Der Grenzbeamte zum Beispiel, der mich bei meinem letzten Besuch in Nordkorea abfertigte, war nicht liebenswürdig. Er war nicht einmal höflich. Ich hätte sogar allen Grund gehabt, mich über seine Schikanen zu ärgern – und tat es nur deshalb nicht, weil mir rechtzeitig der Gedanke durch den Kopf ging: Dieser Mann ist genauso von Gott geschaffen und genauso von Gott geliebt wie du. Das hilft.

Man muss aber auch wissen: Wir haben es niemals mit Lichtgestalten zu tun. Es gibt Stärkere und Schwächere, und alle sind wir anfällig für Neid, Missgunst, Verschlagenheit oder gar Niedertracht. Diese Einsicht beugt Enttäuschungen vor. Sie macht nachsichtig, aber auch hellhörig und scharfsichtig für die Einzigartigkeit von Menschen und Situationen. Also: keine Gutgläubigkeit, keine Naivität, kein Gutmenschentum, vielmehr die Herausforderung, mit der Unzulänglichkeit des Menschen zu rechnen, ohne ihn deshalb zu verurteilen.

Dieser christliche Realismus durchzieht jene Regel, an der sich das Leben unserer Mönche und Nonnen seit Beginn unserer Ordensgeschichte orientiert. Sie unterwirft die Gemeinschaft deshalb nicht starren Gesetzen zur Bekämpfung des Bösen, sondern weist ihr anhand von Leitlinien die Richtung. Dem Abt kommt dabei die Rolle desjenigen zu, der die Regel auf den konkreten Fall, den konkreten Menschen anwendet, sie gegebenenfalls abwandelt und anpasst. Benedikt versucht eben nicht, Menschen durch peinlich genaue Vorschriften auf Linie zu bringen. Er weiß nur zu gut, dass jeder Mensch einzigartig, aber keiner vollkommen ist und dass daher jede stringente Methode, jede durchrationalisierte Technik der Menschenführung versagen muss. Benedikt hat kein Programm. Umso größere Bedeutung misst er den persönlichen Qualitäten derer bei, die Leitungsfunktionen innehaben. Die können sich eben nicht auf die Regel zurückziehen, wenn's kritisch wird, die können sich nicht hinter ihren Vorschriften verschanzen, die müssen sich ständig nach ihrer Eignung für ihr Amt fragen lassen, ständig an ihre Verantwortung erinnern lassen, ständig an den Maßstäben messen lassen, die Benedikt aufstellt. Und das alles mit dem Ziel, im Denken, Reden und Handeln das rechte Maß zu finden. Denn darum geht es ihm in allererster Linie: um maßvolle Führer, die mäßigend wirken, Augenmaß besitzen und selbst ihren Maßstäben gerecht werden. Weil es ihnen nur dann gelingen kann, Regel und Lebenswirklichkeit in Einklang zu bringen.

Mit anderen Worten: Benedikts Regel trägt die Handschrift eines Menschen, der von der Bedeutung der Freiheit und dem Wert des Individuums überzeugt ist. Das macht sie unverwüstlich – nicht nur in meinen Augen. Bei Kamingesprächen oder Vorträgen registriere ich immer wieder amüsiert die Verblüffung von Politikern und Wirtschaftsvertretern, wenn ein Benedikt-Zitat so wirkt, als wäre es auf das gerade verhandelte Problem oder die aktuelle Lage gemünzt. Im Übrigen könnten wir Benediktiner nicht auf eine Erfolgsgeschichte von beinahe 1500 Jahren zurückblicken, wenn sich diese Regel nicht unter allen Umständen und Verhältnissen bewährt hätte. Ein Benediktinerkloster ist fast nicht umzubringen, es sei denn durch äußere Gewalt. Und heute zeigt sich, dass nicht einmal die Globalisierung der Gültigkeit dieser Regel etwas anhaben kann; in unseren asiatischen, afrikanischen und amerikanischen Klöstern machen wir jedenfalls täglich die Erfahrung, dass sie sich mit dem Selbstverständnis der unterschiedlichsten Kulturen verträgt.

Ich erwarte mir von Benedikt also einiges an Inspiration für dieses Buch – wobei es mir ebenso wenig um den genialen Vorgesetzten, den perfekten Lehrer, die vollkommenen Eltern geht, wie es Benedikt darum zu tun war, aus seinem Kloster eine Kaderschmiede für christliche Idealmenschen zu machen. Niemand ist vollkommen. Auch ich nicht. Delegieren zum Beispiel ... Delegieren ist wahrlich nicht meine Stärke. Meinem Sekretär, Pater Henry, überlasse ich es gerade mal, den nächsten Äbtekongress zu organisieren, aber die gesamte Korrespondenz erledige ich selbst. Vielleicht werde ich darum mit der Arbeit nie fertig. (Ich helfe mir so, dass ich alles sofort erledige, umgehend – und den Rest irgendwann.) Nein, man soll den Teufel menschlicher Unvollkommenheit nicht mit dem Beelzebub des Perfektionismus austreiben. Mit vielen Schwächen kann man im Übrigen ganz gut leben, und nicht einmal die Eitelkeit, an der mein alter Prior so gern seinen Spott erprobte, muss einen daran hindern, ein guter Chef zu sein. Ich kannte einen Vorstandsvorsitzenden, der unablässig seinen imaginären Lorbeerkranz liebevoll streichelte. Ständig ließ er in Nebenbemerkungen durchblicken, was das Unternehmen und die Menschheit ihm verdankte. Dabei verdienten seine Leistungen tatsächlich Anerkennung, und der Mann selbst war sehr sympathisch – während die Bescheidenheit seinen Nachfolger auch nicht menschlicher machte.

Dennoch: Fachwissen und Expertentum allein qualifizieren noch niemanden für eine leitende Stellung. Wo immer es in einem Unternehmen um Menschen geht, muss Management zu Führung werden. Menschen kann man nicht managen. In dem Augenblick, in dem Vorgesetzte Führungsangelegenheiten wie Finanz- oder Produktionsfragen behandeln, werden sie zu Schreibtischtätern, und auch der beste Mathematiker kann als Lehrer für seine Schüler zur Qual werden. Natürlich weiß ich, dass niemand eingestellt wird, um es sich an seinem Arbeitsplatz gutgehen zu lassen, sondern damit er seinen Anteil an der Arbeit und am Gewinn erbringt. Man kann diese beiden Aspekte meines Erachtens aber nicht voneinander trennen. Arbeit muss human sein. Ein rein gewinnorientiertes Management zerstört das Arbeitsklima, untergräbt die Motivation der Mitarbeiter und mindert deren Leistung. Echte Humanität hingegen zahlt sich langfristig aus; eine menschengerechte Unternehmenskultur muss also im Interesse jeder Firmenleitung liegen. Es stellt sich allerdings die Frage: Ist die Kunst, Menschen zu führen, überhaupt erlernbar?

Ich glaube nicht. Zumindest lassen sich Führungsqualitäten nicht auf Seminaren systematisch aneignen wie ein beliebiger Wissensstoff, und Defizite an Persönlichkeit sind auch durch einstudierte Gestik nicht zu übertünchen. Es gibt eben keine Methoden, Tricks und Kniffe, die aus einem schlechten Führer einen guten machen könnten, und jeder Untergebene durchschaut sehr bald einen Vorgesetzten, der nach einem Führungskräfteseminar plötzlich den Eindruck zu erwecken versteht, als ob er konzentriert zuhören würde. Natürlich kann die Beherrschung gewisser Techniken von Vorteil sein, auf dem Gebiet des Zeitmanagements etwa oder im Fall von Gesprächsstrategien. Nur nützt das wenig, wenn nicht bestimmte Eigenschaften wie Aufrichtigkeit und Durchhaltevermögen von zu Hause mitgebracht werden, wenn nicht bestimmte seelische Fähigkeiten wie Gelassenheit mit der Zeit und der Erfahrung hinzugekommen sind. Allerdings – auch das ist wahr: Jeder kann sein Charisma missbrauchen, jeder kann seine Autorität gegen seine Mitarbeiter oder Schüler richten, deshalb muss jeder klare Vorstellungen von seiner Verantwortung haben und sehr genau wissen, welche Ziele er als Führender verfolgen sollte. Es kann also nicht schaden, Menschen mit Führungsqualitäten die Augen dafür zu öffnen, worauf es ankommt – und ihnen damit denselben Dienst zu erweisen, den mein alter Prior seinerzeit uns erwiesen hat. So verstehen Schwester Rosanna und ich die Aufgabe, die wir mit diesem Buch übernommen haben – wobei wir den Schwerpunkt im ersten Teil mehr auf Unternehmen und Politik, im zweiten Teil eher auf Schule und Erziehung legen wollen. Es war unser Wunsch, dass auf diese Weise ein Buch der zwei Stimmen, der zwei Perspektiven entsteht, ein Buch, in dem sich meine Erfahrungen als Benediktiner und die Erfahrungen von Schwester Rosanna als Salesianerin und Vizesekretärin der Religiosenkongregation im Vatikan gegenseitig ergänzen.

Übrigens habe ich als Erzabt von Sankt Ottilien auch lernen müssen, zu Prior Paulus nach und nach auf Distanz zu gehen. Wir mochten uns weiterhin, aber auch er hatte seine Grenzen, und mit zunehmendem Alter sträubte er sich immer mehr gegen Veränderungen. «Vater Erzabt», hieß es dann, «jetzt tun S' net so viel rumwerkeln, das bringt a Unruhe in den Konvent.» – «Pater Prior», war dann meine Antwort, «wenn wir jetzt nichts ändern, gerade dann kommt die Unruhe hinein.» Genau besehen sprachen solche Erfahrungen allerdings ebenfalls für ihn – einfach deshalb, weil ich mich von ihm als Mensch lösen konnte, ohne dass sein «ewig gutes» Vorbild dabei Schaden genommen hätte. Und vielleicht hat mein alter Prior damit das überzeugendste Beispiel für wahre Autorität geliefert.

■ 02 ■ DIE VERLOCKUNGEN DER MACHT
Die Persönlichkeit entscheidet

Abtprimas Notker Wolf

«In großen Unternehmen gibt es vielleicht fünf oder sechs Menschen, die dein Leben sehr stark bestimmen. Und diese Leute können dir unter Umständen jeden Funken Kreativität und Lebensfreude nehmen. Ich erlebe bei uns Vorgesetzte, die keinerlei Vision haben, ziemlich nichtssagende Menschen, ohne jede Leidenschaft für ihre Arbeit, denen es hauptsächlich darum geht, zu zeigen: Ich bin trotzdem jemand – auch wenn ich in meinem Beruf eigentlich ein Niemand bin. Diese Leute haben nur ihre Karriere im Kopf, wollen möglichst viel Geld verdienen und sich möglichst wichtig fühlen dürfen. Sie lieben es, anderen zu zeigen: Ihr seid mir auf Gedeih und Verderb ausgeliefert. Sie handeln nach dem Motto: ‹Bilde dir bloß nicht ein, dass du etwas Besonderes bist.› Und sie schaffen es in der Tat, gute Leute kleinzumachen oder zumindest erheblichen Selbstzweifeln auszusetzen.»

Ich gebe diese Klage über ungeeignete Vorgesetzte so wieder, wie ich sie vom Redakteur einer deutschen Rundfunkanstalt gehört habe. Sie ist vielleicht nicht typisch. Aber sie geht auf typische Fehler im Umgang mit Mitarbeitern und Untergebenen ein, und sie benennt in knappster Form die Folgen. Diese bedürfen keiner Erläuterung – jeder wird schon erlebt haben, wie beeinträchtigend sich schlechte Führung auf die Arbeitsfreude (und -ergebnisse) auswirkt, und sei es in seiner Schulzeit am Beispiel schwacher Lehrer. Aber die Ursachen für schlechte Führung verdienen, untersucht zu werden.

Die große, allgegenwärtige Gefahr besteht ohne Zweifel darin, der Verführung durch die Macht zu erliegen. Keiner ist gänzlich dagegen gefeit. In ihrem despotischen Sinn wird die Macht allerdings meist von denen geschätzt, die selber nichts Bedeutendes zustande bringen. Die sich klein vorkommen, unerträglich klein, und Macht ausüben müssen, um eigene Mängel zu kompensieren. Ihr Grandiositätsgefühl wurzelt in einem Minderwertigkeitskomplex, oder sagen wir: in dem beunruhigenden Wissen, lange nicht so stark zu sein, wie sie es von ihrer Position her eigentlich sein müssten. Das beste Beispiel dafür ist der kaltschnäuzige Aufsteiger, der klassische Karrierist, der nie über die nötige Kompetenz, aber immer über die besten Beziehungen verfügte, der sich mit fünfundzwanzig Jahren geschworen hat: «Mit vierzig werde ich ganz oben sein» – und mit vierzig tatsächlich ganz oben ist.

Was bedeutet solchen Menschen die Macht? Auf jeden Fall eine enorme Erleichterung, vermute ich. Denn ihre Stellung in der Hierarchie befreit sie von der ewigen Sorge, übersehen zu werden. Und das ist ihr Problem. Der skrupellose Ehrgeizling ist ja lediglich die rabiate Variante eines Menschentyps, der mir gelegentlich auch in meinem Bereich begegnet: Mit sich selbst nicht im Reinen, leidet er unter einem fast krankhaften Anerkennungsbedürfnis. Ängstlich ist er nur auf sich selbst bedacht. Klopft man ihm auf die rechte Schulter, hält er auch noch die linke hin. Sein unersättlicher Hunger nach Respekt geht so weit, dass er in seiner Selbstachtung allein deshalb steigt, weil er einmal neben dieser oder jener namhaften Persönlichkeit gesessen, ja, womöglich ein paar Worte mit ihr gewechselt hat. Wie oft erlebe ich, dass jemand nur darum das Gespräch mit mir sucht, damit ein Schimmer meines «Glanzes» auf ihn fällt und er anschließend etwas mehr von sich selbst halten darf! Steigen solche Leute auf, bietet ihnen die Macht einen willkommenen Ausweg aus ihrer Abhängigkeit vom Applaus der anderen. Mit einem Male finden sie es ganz erträglich, nicht gemocht zu werden. Ja, sie genießen es, auf ihre Beliebtheit keinerlei Rücksicht mehr nehmen zu müssen. Und sie beweisen sich ihre Macht, indem sie möglichst viele spüren lassen: An eurer Anerkennung liegt mir jetzt nicht das Geringste mehr. Und auch eure Verachtung ficht mich nun nicht mehr an.

Was könnte man diesen Menschen raten? Gar nichts, befürchte ich. Für ihre Zwecke reicht es ja, die Belegschaft säuberlich in Freund und Feind aufzuteilen und die Feinde nach allen Regeln der Kunst gegeneinander auszuspielen – wobei sie allerdings auch ihre Freunde bloß als nützliche Idioten betrachten dürften. Immer werden sie sich in den Vordergrund spielen, werden taktieren und stets mehr ihrer Eitelkeit als der gemeinsamen Sache dienen. Vermutlich kommen solche Machtversessenen erst in dem Augenblick zur Besinnung, wenn das eintritt, was sie am meisten fürchten: der Machtverlust. Ihr Selbstwertgefühl, ihre ganze Identität hängt ja von ihrer Machtstellung ab – und nur, wenn sie ihre Schlachten verlieren, dämmert ihnen vielleicht, wie hohl das Glück ist, das sie verfolgen, wie hohl sie selbst sind. Oder aber sie bäumen sich auf und werden brutal.

Natürlich müssen wir zwischen Karriere und Karrierismus unterscheiden. Karrierismus heißt, auf anderen herumzutrampeln, um selbst höher zu steigen, oder aus demselben Grund zu kuschen und Kopf und Schwanz einzuziehen. Karriere zu machen hingegen ist zunächst einmal weder gut noch schlecht. Und zweifellos: Wer etwas bewirken und mitgestalten will, wen es nach neuen, verlockenden Aufgaben verlangt, der muss und wird aufsteigen. Es ist ja auch befreiend und befriedigend, sich endlich über Beschränkungen hinwegsetzen und Hindernisse aus dem Weg räumen zu können, die einen bislang an der Entfaltung gehindert haben. Vergessen wir auch nicht, dass das eigene Selbstwertgefühl auf dem Spiel steht, wenn die Beförderung auf sich warten lässt. Dann fragt man sich unweigerlich: Was habe ich verbockt? Kann ich etwa nichts? Oder steht mir jemand im Weg? Die wenigsten jedenfalls wollen auf die Bestätigung verzichten, die ein Karrieresprung für sie bedeutet, und ich habe nicht selten Mönche erlebt, die meinten, partout Äbte werden zu müssen. Das ist menschlich, wenn auch nicht unbedingt benediktinisch. Im Übrigen sollte man sich keine Illusion darüber machen, welchen Ansporn Ehrgeiz und auch Eitelkeit darstellen. Beide sind eine starke Triebfeder für außerordentliche Leistungen, kein Zweifel.

Den Verlockungen der Macht erliegen allerdings nicht nur die schwächeren Naturen. Die Gefahr, abzuheben, ist auch für wirklich gute Leute groß. Man kann sich nämlich daran gewöhnen, hofiert zu werden. Und es ist ein glorreiches Gefühl, umschwärmt zu sein. Dann schwillt einem der Kamm, der imaginäre Lorbeerkranz nimmt Formen an, und langsam, aber sicher befreundet man sich mit der Vorstellung, alles selbst geleistet zu haben. Jeder Erfolg wird jetzt auf das eigene Konto verbucht. Von nun an erscheinen dir Selbstgefälligkeit und Eitelkeit als berechtigter Stolz, und schließlich gibt es für dich keinen Zweifel mehr: Du kannst alles besser, und du weißt alles besser. Hinzu kommt, dass man von außen regelrecht in die Selbstherrlichkeit hineingedrängt wird, von Speichelleckern und Claqueuren, die einem unentwegt einzuflüstern versuchen: So großartig wie Sie macht das keiner. Es ist nun einmal so: Wer eine Führungsposition bekleidet und seine Sache gut macht, der kann sich kaum dagegen wehren, über den grünen Klee gelobt zu werden. Mag sich vielleicht auch nicht dagegen wehren. Die Kabinettssitzungen einer verflossenen deutschen Landesregierung fallen mir dazu ein, die unweigerlich mit Huldigungsadressen an den Ministerpräsidenten begannen, regelrechten Anbetungsstunden – sicherlich kein Einzelfall.

Ist die Selbstherrlichkeit erst einmal eingerissen, kann sie katastrophale Auswirkungen haben. Eine davon ist der Verlust des Wirklichkeitssinns. Wenn einen alle anderen überragend finden, dann sieht man eigentlich keinen Grund mehr, sich nicht auch selbst überragend zu finden, und schon beginnt man, jede Kritik für grundsätzlich unangebracht oder das Werk eines böswilligen Einzelgängers zu halten. Irgendwann fällt dann auch die ungeschminkte Lageeinschätzung unter die ungebührliche Kritik, und so verliert der Selbstherrliche allmählich den Kontakt zur Wirklichkeit. Er hat keine Ahnung mehr, was los ist, denn Selbstherrlichkeit isoliert, und Isolierte verfallen leicht dem Argwohn. Da sie nur noch zu hören bekommen, was sie hören wollen, sind sie auf Spione und Zuträger angewiesen, um in Erfahrung zu bringen, was über sie geredet und was tatsächlich gespielt wird. Auf diese Weise zerstören sie bei ihren Mitarbeitern den letzten Rest an Vertrauen und isolieren sich noch weiter. Ich habe da immer diese schönen, kraftstrotzenden deutschen Vorstandsvorsitzenden alten Stils vor Augen, denen keiner mehr die Wahrheit ins Gesicht zu sagen wagt, weil niemand eins aufs Dach bekommen möchte und jeder Angst hat, kaltgestellt zu werden. Sie fühlen sich nur noch den eigenen genialen Inspirationen verpflichtet, nicht selten mit dem Ergebnis, dass sie Millionen oder auch Milliarden in den Sand setzen. Aus Realitätsblindheit.

In früheren Zeiten mag in solchen Fällen ein Hofnarr geholfen haben. Seitdem der aus der Mode gekommen ist, wird von den höheren Rängen erwartet, dass sie Kritik und offene Worte verkraften können, gleichgültig von wem. Damit keiner, der sie vorbringt, sich zum Narren macht. In diesem Zusammenhang fällt mir eine Passage aus unserer Ordensregel ein. Im 61. Kapitel spricht Benedikt über die Gastfreundschaft und die Beherbergung fremder Mönche im Kloster. Wenn so ein Weitgereister, sagt er zunächst, keine unverschämten Ansprüche stellt, darf er so lange bleiben, wie er will. Und dann heißt es weiter: «Sollte er in Demut und Liebe eine begründete Kritik äußern oder auf etwas aufmerksam machen, so erwäge der Abt, ob ihn der Herr nicht vielleicht gerade deshalb geschickt hat.» Das ist klug. Benedikt weiß, wie leicht man betriebsblind wird. Und deshalb sagt er: Überlege dir zweimal, mein lieber Abt, ob der Mann nicht recht haben könnte. Mag ja peinlich sein, diese Kritik eines Außenstehenden, aber begehe nicht die Torheit, sie geflissentlich zu überhören. Wissen Sie was? Ich könnte mir diesen Satz aus der Regel Benedikts gut als Wandschmuck in den Chefetagen vorstellen.

Wer durch Selbstherrlichkeit das Vertrauen seiner Mitarbeiter verspielt, taugt jedenfalls nicht zur Führungskraft – einfach deshalb, weil eine gedeihliche Zusammenarbeit mit ihm unmöglich ist. Es gibt aber noch andere Erscheinungsformen des Machtrauschs. Eine davon ist die Gier, die Topmanager dazu verleitet, sich gegenseitig astronomische Gehälter und gigantische Abfindungen zu spendieren. Ich will bei Managern nicht auf den Cent schauen, sie sollen gut verdienen. Doch ihre Gehälter schließen ohnehin eine ansehnliche Risikoprämie ein – womit also wären Abfindungen in Millionenhöhe noch zu rechtfertigen? Nein, da wird doppelt und dreifach und vierfach kassiert. Wer derartig schamlos absahnt, ist maßlos und lässt damit genau das vermissen, was Benedikt für die entscheidende Tugend einer Führungspersönlichkeit hält: das Augenmaß. Immerhin möglich, dass solche Manager gute Arbeit leisten. Zu Führern allerdings taugen sie nicht, weil sie als Vorbild kläglich versagen und damit verantwortungslos handeln.

Und schließlich, die letzte Verlockung der Macht: das ausgeprägte Standesdenken vieler Manager. Standesdenken, wie es sich in den sattsam bekannten Statussymbolen und all den anderen Bemühungen ausdrückt, sich in eine hoheitliche Aura zu hüllen oder seine Autorität dadurch zu unterstreichen, dass man auf weithin sichtbare Distanz zu seinen Untergebenen geht. Lassen Sie es mich ganz unumwunden sagen: Statussymbole erfüllen allein den Zweck, ihrem Besitzer zu schmeicheln. Sie sind nichts als ein Gerüst, an das sich Menschen klammern, die im tiefsten Inneren um ihre Autorität bangen.

Ein besonders skurriler Fall von Standesdenken war der des orthodoxen Exarchen, der vor Jahren einmal bei uns studierte. Man erkannte ihn an seiner hohen Kopfbedeckung und seinem würdevollen Gang. Gleich zu Anfang schnitt er im Examen schlecht ab – und war entsetzt. Seiner Ansicht nach stand ihm als orthodoxem Würdenträger eine deutlich bessere Note zu. Er hatte seine Amtsautorität dermaßen verinnerlicht, dass er als Student denselben Anspruch auf Ehrerbietung erhob, den er als Amtsperson zu haben glaubte – eine glänzende Beurteilung war daher für ihn eine statusbedingte Selbstverständlichkeit. An diesen Exarchen muss ich denken, wenn ich gelegentlich von dem Gerangel um Dienstwagen und Büroflächen und Vorzimmer und Sekretärinnen höre. «Was Statussymbole angeht», sagte mir jemand, der sich auskennt, «hört in den Unternehmen der Kindergarten erst mit fünfundsechzig auf.» Ein Satz, den mein alter Prior gesprochen haben könnte.

Nicht, dass ich Symbole für grundsätzlich überflüssig halte. Mit großen Menschenmassen beispielsweise lässt sich kaum anders als durch symbolische Gesten kommunizieren. Papst Benedikt XVI. hat das auf seiner Reise in die Türkei demonstriert, als er die türkische Flagge nahm und vor aller Augen schwenkte – eine publikumswirksame symbolische Geste. Angebracht finde ich auch solche Symbole, die vor den Verlockungen der Macht warnen – wie jene drei brennenden Heuhaufen auf dem Petersplatz, an denen ein neugewählter Papst in früheren Zeiten auf seinem Weg zur Krönung im Petersdom vorbeimusste. Das waren Sinnbilder der Vergänglichkeit mit einer unmissverständlichen Botschaft: Bleib auf dem Boden, lass dich von all dem Pomp nicht blenden, vergiss nicht, dass du mit allen Menschen dasselbe Schicksal teilst, dereinst zu Staub und Asche zu zerfallen. Auf keinen Fall aber sollten Symbole in alter, herrschaftlicher Manier zur Selbstdarstellung der Macht dienen und zur Vertiefung der Kluft zwischen Vorgesetzten und Untergebenen. Hier kommen wir zu dem großen Irrtum, den all jene begehen, die der Verführung durch die Macht erliegen: Sie fühlen sich in dem Maße in ihrer Autorität bestärkt, in dem sie auf Abstand zu anderen gehen. Das Gegenteil wäre richtig: die Nähe der anderen zu suchen und auf Abstand zu sich selbst zu gehen. Denn das ist das Geheimnis wahrer Autorität.

Das mag manchen wundern. Aber ich bin überzeugt: Wer von sich selbst nicht absehen kann, wer sich – wie oben beschrieben – nach Anerkennung und Erfolg verzehrt, der ist befangen, und Befangenheit macht blind für das, was eine Aufgabe erfordert, der kommt zwangsläufig zu Fehleinschätzungen von Menschen und Situationen. Autorität und Wirkung eines Führenden hängen demnach wesentlich davon ab, wie frei er von sich selbst geworden ist. Das heißt: Er darf nicht um seinen Nimbus fürchten. Seine eigene Person darf keine Rolle mehr spielen. Er muss lernen, zu sich selbst auf Distanz zu gehen. Nur wer sich selbst überwindet, gelangt zu innerer Autonomie. Und erst die befähigt einen, Menschen und Verhältnisse richtig einzuschätzen, seine Kräfte gezielt einzusetzen, die nötige Geduld aufzubringen und, wo es sein muss, auch großes Durchhaltevermögen zu beweisen. Man kann seine Führungsqualitäten also nur dann entfalten, wenn man bereit ist, sich selbst so weit wie möglich zurückzunehmen, mit anderen Worten: aus dem Erlebnis der inneren Freiheit heraus.

Diese Erkenntnis ist nicht neu. Schon in der Bibel spiegelt sich die Erfahrung: Wer sich selbst sucht, der zerstört sich selbst, denn je mehr er sich auf die eigene Person konzentriert, desto leerer und ärmer geht er aus dieser Suche hervor. Aus diesem Grund legt der heilige Benedikt in seiner Regel auf die Demut größten Wert – nicht als Unterwürfigkeit verstanden, sondern als Distanz zu sich selbst. Es gehört zu den wunderbaren Paradoxien des Lebens, dass diese Demut einen Menschen nicht schwächer, sondern stärker macht, eben weil sie von der Selbstüberschätzung, der Machtbesessenheit und dem Erfolgszwang befreit. Jesus fasst diese Paradoxie in zwei Sätzen zusammen, wenn er sagt: «Wer sich selbst sucht, wird sich verlieren. Wer sich aber um meinetwillen verliert, wird sich finden.» Was für uns bedeutet: Wenn uns an wahrer Autorität und nicht an willkürlicher Machtausübung liegt, dann müssen wir damit aufhören, uns Sorgen um die Bedeutung unserer Person zu machen.

Wenn überhaupt irgendetwas, macht uns diese innere Freiheit resistent gegen die Droge Macht. Und erst jetzt, unter dieser Voraussetzung, lässt sich Autorität verantwortungsvoll einsetzen, nämlich zum Nutzen derer, die wir führen. Deshalb ist die entscheidende Frage im Hinblick auf die Kunst, Menschen zu führen, immer die: Wie fasse ich meine Autorität auf? Benutze ich sie zur Aufwertung oder zur Abwertung eines Menschen? Erkenne ich an, dass jemand seine Sache gut macht, und versuche ich, ihn nach Kräften zu fördern? Oder überlege ich mir, ihn bei nächster Gelegenheit einen Kopf kürzer zu machen? Davon hängt nicht nur das Arbeitsklima ab, davon hängt auch der Erfolg jedes Vorgesetzten ab. Denn kein Arbeiter, kein Angestellter begibt sich auf Dauer widerstandslos in eine Abhängigkeit, die er als Entmündigung empfindet. Aber jeder lässt sich bereitwillig auf ein Abhängigkeitsverhältnis ein, das ihm Entfaltungsmöglichkeiten eröffnet, die er sonst gar nicht hätte. Die wahre Autorität erzeugt im Endeffekt ein gegenseitiges Verantwortungsgefühl – und schafft damit die beste Voraussetzung für eine fruchtbare Zusammenarbeit auf allen Ebenen.

Eine Randbemerkung zum Abschluss dieses Kapitels: In den Zeiten des heiligen Benedikt lagen die Dinge offenbar nicht viel anders als heute. Auch er muss seine Schwierigkeiten mit der Selbstherrlichkeit bestimmter Leute gehabt haben. Jedenfalls nimmt Benedikt nirgendwo sonst einen so knochentrockenen, so unerbittlichen Ton an wie da, wo es in seiner Regel um die Aufnahme von Priestern in die Gemeinschaft seines Klosters geht. Ausgerechnet die Priester also hatte er im Verdacht, sich für etwas Besseres zu halten. Nur bei denen witterte er als Erstes Arroganz und Selbstgefälligkeit. Ich muss jedes Mal schmunzeln, wenn ich im 62. Kapitel seiner Regel lese, wie er die Priester seiner Zeit aufs Korn nimmt. «Wenn einer aus dem Priesterstand um Aufnahme in das Kloster bittet, so stimme man nicht gleich zu», warnt er. «Beharrt er fest auf seiner Bitte, so muss er wissen, dass die Regel in ihrer ganzen Strenge zu halten ist. Nichts wird ihm erleichtert ...» Und dann, ein paar Abschnitte weiter, noch deutlicher: «Er nehme sich nichts heraus und handle nie ohne Auftrag des Abts. Er weiß ja, dass gerade er sich der Zucht der Regel zu fügen hat ... Nimmt er sich heraus, anders zu handeln, gilt er nicht mehr als Priester, sondern als Aufrührer.» Da braucht man nicht einmal zwischen den Zeilen zu lesen, um mitzubekommen, dass Demut seinerzeit nicht die Stärke der Priester gewesen sein kann. Und dass die Anmaßung Einzelner auch im 6. Jahrhundert als Bedrohung dessen verstanden wurde, was wir heute als Teamgeist bezeichnen würden.

■ 03 ■ MAN MUSS DIE LEUTE MÖGEN
Das Unternehmen als angstfreier Raum

Abtprimas Notker Wolf

Er war ein strategisch gewiefter Kopf, der Abteilungsleiter einer großen europäischen Behörde, von dem mir eine seiner Mitarbeiterinnen erzählte. Kühl berechnend und – gefürchtet. «Er verstand es perfekt, uns zu verunsichern. Seine Strategie hieß Unberechenbarkeit, sein Zuchtmittel war der kalkulierte Stimmungswechsel», sagte sie. «Wenn du vorgestern in seiner Gunst warst, fielst du am nächsten Tag heraus, nur um vierundzwanzig Stunden später wieder gnädig aufgenommen zu werden. Er konnte dir kalt lächelnd das Gefühl geben, alles falsch gemacht zu haben, einfach so, um dich daran zu erinnern, von wessen Gunst du abhängig warst. Einschüchtern und wieder ins Vertrauen ziehen, väterlich gütig auftreten und sich dann wieder als Tyrann und tobender Halbgott aufführen – es war ein ständiges Wechselbad. Viele haben darunter gelitten. Aber allen war klar: Jeder ist austauschbar, Loyalität darf im Zweifelsfall keiner erwarten. Und mit dieser Masche hatte er tatsächlich alle im Griff.»

Ja, auch so kann man eine Abteilung führen – wenn man darunter versteht, seine Untergebenen gefügig und sich selbst als Chef unangreifbar zu machen. Aber Menschen nicht. Menschen kann man auf diese Art nicht führen, weil Menschen Freiheit brauchen – gerade dann, wenn sie gute Arbeit leisten sollen. Weshalb auch überall dort, wo es um Effizienz und Leistung geht, als Mitarbeiter freie Menschen gebraucht werden. Und darum gehört es zu den wichtigsten Aufgaben einer menschengerechten Führung, Kriechertum zu verhindern.

Es bedarf ja gar nicht des subtilen Terrors von Willkürherrschern, die mit psychologischen Tricks arbeiten. In jeder Firma besteht die Gefahr, dass alle nur noch ja und amen sagen zu allem, was von oben kommt. Das Gedeihen eines Unternehmens jedoch hängt nicht zuletzt vom Selbstbewusstsein seiner Mitarbeiter ab. Und da ist jeder Vorgesetzte gefordert. Seine Aufgabe ist es, das Selbstvertrauen seiner Untergebenen zu fördern und zu erhalten, denn verschreckte Mitarbeiter sind für ein Unternehmen wertlos, da unkreativ – sie gehen automatisch in die Defensive, und statt mitzugestalten blockieren sie. Deshalb lautet ein erster Grundsatz kluger Menschenführung: Man muss als Chef nicht genial sein, aber man muss eine Atmosphäre schaffen können, in der niemand zum Kriecher wird. Ein humanes Arbeitsklima. Einen angstfreien Raum, in dem jeder sein Können zur Geltung bringen kann, ohne die Sorge haben zu müssen, sich zu blamieren oder fertiggemacht zu werden. Wie schafft man das?

Ganz am Anfang steht für mich die Bereitschaft, seine Mitarbeiter überhaupt wahrzunehmen. Allein das setzt schon ein gerüttelt Maß an Selbstdisziplin voraus, denn oft nimmt man andere im Hochgefühl der eigenen Bedeutung nur aus den Augenwinkeln heraus wahr, sortiert sie nach Rang und Wichtigkeit und eilt an den Unmaßgeblicheren achtlos vorüber. Erst einmal hinzusehen, dazu muss man sich regelrecht anhalten, täglich, stündlich. Und dann natürlich grüßen – aber nicht im Vorbeigehen, nicht als Pflichtübung, nicht so, dass der andere gleich merkt: Aha, der Chef hat mich für heute abgehakt. Und lieber ein Wort zu viel als zu wenig verlieren. Wie dankbar die Leute dafür sind, das ist mir während einer Papstreise wieder mal aufgefallen, als ich einige Worte mit den wartenden Kameraleuten wechselte und einer zu mir sagte: «Sie gehören zu den ganz wenigen, die bemerken, dass es uns gibt.»

Also: Niemandem das Gefühl geben, grundsätzlich übersehen zu werden. Im Kloster nehme ich mir durchaus die Zeit,

Niedergeschlagene anzusprechen, zu fragen: «Was belastet dich?» Viele sind dann froh, reden zu können. Ich weiß, dass man in einem Unternehmen, in dem jeder nach Feierabend heimgeht, so viel Aufmerksamkeit füreinander nicht aufbringen kann, aber auch dort erreicht man mit absichtsloser Freundlichkeit sehr viel, und oft genügt ein Blick, ein Schulterklopfen. Nur sollten wir beachten, dass man im zwischenmenschlichen Bereich eine Wirkung niemals gezielt anstreben darf, denn sobald jemand spürt, dass er durch Nettigkeiten bei Laune gehalten werden soll, wird er die Jalousie herunterlassen. Gegen plumpe Konditionierungsversuche sind wir alle allergisch. Mit anderen Worten: Ich befürchte fast ... Ja, ich befürchte, man muss die Leute mögen, so ganz grundsätzlich mögen, wenn einem diese entspannte, menschliche Arbeitsatmosphäre gelingen soll. Für diese Einstellung besitzen wir ein wunderbares Wort. Es lautet: Wohlwollen.

Womit ich keine naive Gutmütigkeit meine, sondern eine vorbehaltlose Neugier auf Menschen. Das Wohlwollen bringt mich dazu, genauer hinzusehen und immer mehr darüber in Erfahrung zu bringen, mit wem ich es zu tun habe. Ohne Wohlwollen nützt mir auch meine Intuition nicht das Geringste, weil ich die Menschen dann durch die Brille meines Misstrauens beurteile und nur damit beschäftigt bin, keine Alarmsignale zu überhören. Das Wohlwollen aber öffnet mir die Augen für den ganzen Menschen, für alles, was an ihm bemerkenswert, förderungswürdig und im Verborgenen vorhanden ist. Es erlaubt mir, eine realistische Vorstellung von seinen Antriebskräften und Beweggründen zu gewinnen und Züge an ihm wahrzunehmen, die ihm selbst vielleicht nie aufgefallen sind. Es bewahrt mich darüber hinaus vor Unterstellungen, vor Fehleinschätzungen und unbeabsichtigten Kränkungen.

Solches Wohlwollen hat auch nichts mit Nachgiebigkeit zu tun. Man kann von hartnäckiger Freundlichkeit und gleichzeitig unnachgiebig sein. Gerade in heiklen Situationen wird man erleben, dass diese gelassene, unerschütterliche Freundlichkeit etwas Umwerfendes hat.

Bei einer Abtswahl in Ostasien passierte es, dass in der Generalversammlung plötzlich ein junger Mönch aufstand, mich ansah und in scharfem Ton die Frage stellte: «Was habt ihr Europäer eigentlich heute hier verloren?» Ein eisiger Windstoß fegte in diesem Moment durch den Saal. Köpfe senkten sich, niemand redete mehr. Und ich überlegte mir: Soll ich den Übeltäter rauswerfen? Oder wenigstens scharf zurechtweisen? Als Erzabt hätte ich das Recht dazu gehabt. Ich zögerte. In diesem Moment fiel mein Blick auf einen deutschen Mitbruder, der seit langem in diesem Land lebte. Und eine Begebenheit aus gemeinsamen Studientagen kam mir in den Sinn. Damals hatte ich mich über irgendeine Gehässigkeit heftig echauffiert, und eben jener Mitbruder war hinterher auf mein Zimmer gekommen, um mir zu sagen: «Notker, heute hast du mich maßlos enttäuscht. Ich habe dich immer so geschätzt, weil du nie aus der Ruhe zu bringen warst. Und jetzt ...» Eine wertvolle Erinnerung. Und es gelang mir wirklich, keinen unfreundlichen Ton anzuschlagen, als ich dem jungen Mönch zur Antwort gab: «Weißt du, ich tue hier meine Pflicht, gemäß unseren Statuten, und dann fahre ich wieder nach Hause.» Sonst nichts. Aber damit war die Situation entschärft. Die Wahl verlief ohne weitere Störung. Und hinterher kamen die älteren Brüder zu mir, küssten mir die Hände und entschuldigten sich für die Unhöflichkeit ihres Mitbruders. Hätte ich ihn hinausgeworfen, wäre die Sache wohl anders ausgegangen. Dann hätte ich womöglich die alten Brüder ebenfalls gegen mich aufgebracht. So hatte ich sie gewonnen – und den jungen Hitzkopf von Mönch vielleicht dazu.

Und was ist, wenn Freundlichkeit zu viel verlangt oder unangemessen wäre? Ich habe mir seit langem zur Regel gemacht: Jeder, wirklich jeder hat zumindest Anspruch auf eine sachliche

Antwort. Bei allen Sitzungen – ob früher in meinem Heimatkloster Sankt Ottilien, ob heute in Sant'Anselmo – bin ich stets bemüht gewesen, jedem so sachlich wie möglich zu antworten. Gehörte ein Beitrag oder eine Frage überhaupt nicht zum Thema, habe ich geduldig versucht zu erklären, weshalb; kam jemand mit einem Einwand, der längst besprochen war, ging ich in aller Ruhe nochmals darauf ein – sodass ich mir hinterher mitunter Vorwürfe anhören musste, weil ich nicht stellvertretend für die anderen in der Runde aus der Haut gefahren war. Ich habe mir aber immer gesagt: «Du kanzelst keinen ab. Besser, auch auf den dümmsten Einwand gelassen zu reagieren, als dass die Leute mit den klugen Einwänden sich nicht mehr trauen, den Mund aufzumachen.» Einen angstfreien Raum zu schaffen, das erfordert von einem Vorgesetzten bisweilen tatsächlich viel Geduld und große Selbstbeherrschung, da muss man über sich stehen oder neben sich sitzen und sich selbst beobachten können, auch wenn der Puls schneller geht und das Herz lauter klopft und der Kragen zu platzen droht. Das ist der Preis für eine Atmosphäre, in der jeder Mitarbeiter sicher sein darf, für seine Ideen Gehör zu finden. In einem solchen Klima zu arbeiten macht Freude, es beschwingt geradezu – wer hätte diese Erfahrung nicht schon gemacht? Bei mir jedenfalls soll der Schüchternste wie der Verrückteste seine Hemmungen davor verlieren, in aller Öffentlichkeit frei auszusprechen, was er denkt – weshalb selbst diejenigen, die nur provozieren wollen oder bloß geschwollen daherreden, von mir eine gnadenlos sachliche Antwort erhalten.

Gehen wir aber noch einen Schritt weiter. Begnügen wir uns nicht damit, unseren Mitarbeitern mit freundlicher Aufmerksamkeit und Geduld zu begegnen. Bemühen wir uns auch noch, jedem gerecht zu werden, indem wir ihn in seiner Einzigartigkeit berücksichtigen, in seiner ganz persönlichen Art, seinen besonderen Fähigkeiten wie seinen charakteristischen Schwächen.

Benedikt sah in diesem Respekt vor der Einzigartigkeit des Individuums die große Herausforderung an einen Führenden. Der Abt, schreibt er im 2. Kapitel seiner Regel, «muss wissen, welch schwierige und mühevolle Aufgabe er auf sich nimmt: Menschen zu führen und der Eigenart vieler zu dienen. Muss er doch dem einen mit gewinnenden, dem anderen mit tadelnden, dem Dritten mit überzeugenden Worten begegnen. Nach der Eigenart und Fassungskraft jedes Einzelnen soll er sich auf alle einstellen und auf sie eingehen.» Das ist viel verlangt von einem Abt, das ist, wie Benedikt selbst sagt, mühevoll. Deshalb geht er in seiner Regel immer wieder ins konkrete Detail, ermuntert die Mönche, persönliche Wünsche gegenüber dem Cellerar, also dem Klosterverwalter, zu äußern, und gesteht ihnen sogar ein Einspruchsrecht zu für den Fall, dass ein Auftrag sie überfordern sollte. Es ist immer wieder erstaunlich, welchen Wert dieser Mann des 6. Jahrhunderts dem Individuum beimisst. Jeder soll als Einzelfall behandelt werden. Und dafür muss der Abt seine Leute gut kennen.

Was auf den Abt zutrifft, gilt meiner Ansicht nach für Vorgesetzte ganz allgemein. Menschenkenntnis und Einfühlungsvermögen sind eine unerlässliche Voraussetzung – nicht nur für ein humanes Arbeitsklima, sondern für den Erfolg eines Unternehmens schlechthin. Ein Chef muss einschätzen können: Wo hat jemand Defizite? Wo hat er Entwicklungspotenziale? Und – ist er zuverlässig? Es wird von ihm aber noch mehr erwartet, als dass er über die Schwächen und Stärken seiner Mitarbeiter Bescheid weiß. Er ist auch derjenige, der mit allen Hoffnungen, Ambitionen und Verbitterungen und all dem versteckten und offenen Ehrgeiz seiner Leute umzugehen verstehen muss. Er darf ihren Stolz nicht verletzen, darf sie nicht in ihren Grundfesten erschüttern, darf sie nicht als Person infrage stellen. Mitarbeiter müssen auch dann noch an sich glauben können, wenn sie einen Fehler – oder fünf – gemacht haben. Er darf keine Verteidigungsmechanismen auslösen – und sollte darum die Achillesferse jedes Einzelnen kennen. Eines der größten Probleme ist es, dass man es immer wieder mit Menschen zu tun hat, die sich schnell angegriffen fühlen. Die bei jeder sich bietenden Gelegenheit Feindseligkeit wittern und geradezu dankbar in die Flugbahn der Pfeile springen, bloß um getroffen zu werden und zurückschießen zu können. Solche Leute sind vielleicht das Gegenteil von Kriechern, fallen aber als Mitgestalter eines Unternehmens genauso aus. Menschen in Führungspositionen brauchen also ein unglaubliches Gespür dafür, wie es im anderen aussieht, um Verteidigungsmechanismen erst gar nicht auszulösen.

Ich werde später im Zusammenhang mit der Bewältigung von Konflikten darauf zurückkommen, möchte aber hier an einem Beispiel noch einmal verdeutlichen, dass die Fähigkeit, sich in andere hineinzuversetzen, auch in alltäglichen Situationen ständig gefragt ist. Es kommt immer wieder vor, dass wir entnervt auf die Begriffsstutzigkeit eines Mitarbeiters reagieren und dann schnell an seinem Verstand zweifeln. Und es mag ja wirklich sein, dass er nicht unbedingt der Hellste ist. Oft aber übersehen wir auch einfach nur, um wie viel vertrauter wir selbst mit einem bestimmten Vorgang sind als er. Was uns selbstverständlich erscheint, weil es uns ständig beschäftigt oder weil unser Horizont ein ganz anderer ist, das ist für ihn womöglich ein weitgehend fremdes Terrain, oder es übersteigt seine Vorstellungskraft. Auch hier ist also Geduld angebracht. Seien wir deshalb nicht allzu schnell bei der Hand mit dem Verdacht, dem anderen fehle es am nötigten Quantum Gehirnmasse. Gehen wir lieber zunächst davon aus, dass er aus Informationsmangel schlicht überfordert ist, und nehmen wir uns die Zeit, ihn einzuweihen.

Mitarbeiter wahrnehmen, ernst nehmen und als Individuen behandeln – damit ist bereits Entscheidendes für ein humanes Arbeitsklima gewonnen. Eins muss meiner Erfahrung nach jetzt noch hinzukommen: das aufrichtige Bemühen, Vertrauen zu schaffen. Ich bin davon überzeugt, dass nirgendwo eine fruchtbare Zusammenarbeit ohne gegenseitiges Vertrauen möglich ist. Sicher, wer nichts anderes im Sinn hat, als seine Macht auszuspielen, wer seine Untergebenen wie Figuren auf einem Schachbrett hin und her schiebt, der kann auf Vertrauen verzichten, dem kann auch Effizienz im Einzelfall egal sein, solange nur kein Schatten auf ihn selbst fällt. Autorität aber ist auf Vertrauen angewiesen. Autorität lebt von dem Vertrauen, das einem Vorgesetzten entgegengebracht wird, und dem, das er selbst zu schenken bereit ist.

Wo Vertrauen herrscht, da existiert eine solide, menschliche Rechtsbasis, auf der sich alle Beteiligten in der Gewissheit bewegen, dass der andere nicht mit gezinkten Karten spielen, nicht zu Tricks, nicht zu Fouls, nicht zu Verstellung greifen wird. Schon ein Einziger, der diese Gewissheit vermittelt, kann die Arbeitsatmosphäre einer ganzen Abteilung entscheidend verbessern. Und braucht nicht einmal zu befürchten, mit seiner Aufrichtigkeit Schiffbruch zu erleiden. Ich jedenfalls habe beste Erfahrungen damit gemacht, offen auf Leute zuzugehen und jederzeit meine Karten auf den Tisch zu legen. Natürlich weiß man anfangs nie, wen man vor sich hat, aber das hat mich nie gestört. Ich bin selten enttäuscht worden, konnte aber mit Vertrauen unglaublich viel bewirken. Wäre ich vorsichtiger gewesen, wäre ich häufiger auf der Hut gewesen, es wäre mir lange nicht so leicht gefallen, Menschen zu mobilisieren, Widerstände zu überwinden und Herzen zu gewinnen. Und ich hätte auch nie die Erfahrung gemacht, wie gering in Wirklichkeit die Zahl derjenigen ist, die geschenktes Vertrauen bewusst missbrauchen. Für mich gilt deshalb: Wer Vertrauen sät, wird in den allermeisten Fällen auch Vertrauen ernten. Wer aber Misstrauen sät, wird unweigerlich nichts als Misstrauen ernten.

Eins darf man allerdings nicht, wenn man Vertrauen gewinnen will: um seinen Nimbus fürchten und deshalb den Unfehlbaren spielen. Kaum etwas schafft schneller Vertrauen, kaum etwas trägt auch mehr zur Stärkung der eigenen Position bei, als Einsicht zu zeigen und Fehler zuzugeben. Es war ganz zu Beginn meiner Amtszeit. Ich war frischgebackener Erzabt von Sankt Ottilien und sollte gleich in den ersten Tagen eine Kapitelsitzung leiten, war aber mit den Gepflogenheiten noch nicht so recht vertraut und etlichen Mitbrüdern obendrein nur vom Hörensagen bekannt, weil ich die Jahre zuvor in Rom verbracht hatte. Kurz vor der Sitzung kam mein Cellerar zu mir, sagte, es gebe da noch eine Finanzangelegenheit, die nicht auf der Tagesordnung stehe ... Das nehmen wir mit rein, entschied ich, das erledigen wir gleich jetzt in einem Aufwasch. Die Sache ging auch durch. Doch als ich nach dem Ende der Sitzung den Kapitelsaal verließ, wurde mir plötzlich klar: Ich hatte gerade einen Formfehler begangen. Dergleichen musste vorher im Seniorenrat besprochen werden, in dem kleinen, beratenden Gremium, das die Argumente vorab sammelt und ein erstes Votum abgibt, damit die Diskussionen im Kapitel nicht ewig dauern. Und schon stand auch mein alter Prior neben mir und sagte: «Hochwürdigster Vater, ich glaub, heut haben wir eine Dummheit gemacht ...»

Ich wusste, dass dieser Fauxpas keineswegs harmlos war. Die Mitbrüder reagieren schnell gereizt, wenn sie den Eindruck gewinnen, da will sie jemand überrumpeln, um seinen eigenen Willen durchzusetzen. Ich habe deshalb die erste Gelegenheit ergriffen, die Sache aufzuklären, und beim Abendessen gesagt: «Liebe Mitbrüder, wir müssen uns den Finanzpunkt ein zweites Mal vornehmen, weil die Sache erst durch die Seniorenratssitzung muss. Das habe ich heute übersehen. Seid mir nicht böse, ich bin halt ein blutiger Anfänger.» Und das Ergebnis? Schallendes Gelächter – und eine Stimme aus dem Hintergrund: «Endlich haben wir einen Oberen, der Fehler zugeben kann.» Damit war das Eis gebrochen. Jetzt hatte ich auch das Vertrauen derer gewonnen, die mich bis dahin kaum kannten – nicht durch eine überragende Leistung, sondern durch das simple Eingeständnis eines Fehlers. Alle wussten nun: Der neue Abt hintergeht uns nicht. Und noch etwas hatten sie verstanden: dass auch sie bei mir mal einen Fehler machen dürfen. Davor jedenfalls brauchten sie keine Angst mehr zu haben. Das Fundament für den angstfreien Raum war gelegt.

Schon jetzt dürfte klar geworden sein, wie viel von der Persönlichkeit eines Führenden abhängt, wenn es darum geht, eine Atmosphäre der Freiheit und des Vertrauens zu schaffen. Je weniger einer nach Ambitionen riecht, desto leichter wird es ihm fallen, das Vertrauen anderer zu gewinnen. Je eher es einem gelingt, sich klug im Hintergrund zu halten, desto freier werden sich seine Mitarbeiter fühlen. Je besser einer seine Verteidigungsreflexe kontrolliert, desto mehr Verständnis wird er für andere aufbringen. Solange die eigene Persönlichkeit einem Kartenhaus ähnelt, fließt alle Energie in die Selbstverteidigung und ist verschwendet. Wer anderen auf die Sprünge helfen will, muss daher insbesondere einen Menschen sehr genau kennen: sich selbst. Wir Benediktiner führen aus diesem Grund alljährlich einen Ausbildungskurs für unsere eigenen Führungskräfte durch. Dabei geht es immer wieder und vor allem um Selbstreflexion, denn entscheidend für gute Führung ist die Einstellung zu sich selbst. Wie viel bedeutet mir der Applaus? Wie unbefangen bin ich wirklich? Bin ich überhaupt reif genug, den Tatsachen ins Auge zu schauen und die Dinge beim Namen zu nennen? Früher oder später stößt man dann unweigerlich auf ein Grundproblem der Menschenführung: die Spannung zwischen den eigenen Triebkräften und den Anforderungen seiner Aufgabe.

Es ist ja so: Wer Karriere macht, der verdankt seinen Erfolg zu einem Gutteil seinem Ehrgeiz, seinem Durchsetzungswillen und nicht zuletzt vielleicht auch seiner Ambition, im Rampenlicht zu stehen oder doch wenigstens auf vorderster Bühne mitzuspielen, mithin einem nicht unbeträchtlichen Maß an Egozentrik. Andererseits wird von ihm als Führungskraft jedoch oftmals erwartet, sich möglichst unsichtbar zu machen, sich große Zurückhaltung aufzuerlegen und bisweilen bis zur Selbstverleugnung zu gehen. So kommt es zur Spannung zwischen Persönlichkeit und Aufgabe, einer Spannung, die ausgehalten werden muss, die zur Zerreißprobe führen kann oder im Idealfall einen Menschen hervorbringt, der den Balanceakt zwischen Unaufdringlichkeit und energischem Auftreten schafft, der weiß, was er will, und trotzdem keinen bevormundet, der sich seiner Verantwortung bewusst ist und durch seine Ausstrahlung den anderen trotzdem zu verstehen gibt: Nicht ich stehe im Mittelpunkt, sondern ihr. Der sich also ganz im Sinne des chinesischen Philosophen Laotse verhält. Bei dem heißt es nämlich:

> Wenn der Meister regiert, ist sich das Volk
> kaum bewusst, dass es ihn gibt.
> Der Zweitbeste ist ein Führer, den man liebt.
> Der Nächste einer, vor dem man Angst hat.
> Der Schlechteste ist einer, den man verachtet.
> Der Meister redet nicht, er handelt.
> Wenn sein Werk getan ist,
> sagt das Volk: «Unglaublich:
> Wir haben es ganz allein vollbracht.»

■ 04 ■ WER KANN, DER DARF
Über kooperative Führung

Abtprimas Notker Wolf

Zu Beginn meiner Amtszeit als Erzabt von Sankt Ottilien Ende der Siebzigerjahre hatte ich einige Veränderungen im Kloster angeregt und Neuerungen eingeführt. Ich erinnere mich, dass ich damals zu einem jüngeren Mitbruder sagte: «Zum Donnerwetter, müssen denn alle guten Ideen aus meinem Hirn kommen?» Woraufhin er mich schräg von der Seite ansah und entgegnete: «Du weißt doch, wie unsere benediktinische Struktur ist: Der Abt befiehlt, und wir führen aus. Alles kommt von oben.» – «Von heute an nicht mehr», habe ich ihm gesagt. «Merk dir das.»

Ich musste ihm dennoch recht geben. Jahrhundertelang hatten sich unsere Äbte tatsächlich wie kleine Fürsten fühlen, hatten sich auf den Gehorsam ihrer Mönche blind verlassen dürfen. Innerhalb der Klostermauern waren sie wie Alleinherrscher aufgetreten, und noch Anfang der Sechzigerjahre mussten viele unserer Abteien als Orte einer strengen und starren Klosterzucht gelten – kaum noch etwas war vom Geist großzügiger, kluger Menschenfreundlichkeit zu spüren, der Benedikt 1500 Jahre zuvor zu seiner Regel inspiriert hatte. Klöster sind eben keine Inseln, und das allgemeine gesellschaftliche Klima schlägt immer mehr oder weniger stark auf das Klosterleben durch. Doch im Lauf der Sechzigerjahre setzte eine Rückbesinnung ein, und aus den Äbten wurden allmählich wieder die geistlichen Väter ihrer Gemeinschaften. Die Menschenführung in den Klöstern ist dadurch schwieriger geworden, sie verlangt heute eine ganz andere Art von Autorität, und mancher Abt kapituliert. Doch sind wir Benedikts Vorstellung von Menschenführung dadurch wieder viel näher gekommen, denn sosehr unser Ordensgründer den Wert der Autorität hervorhebt, so wenig hält er von autoritären Strukturen.

Was heute, in unseren demokratischen Zeiten, noch immer so manchem schwer fällt, scheint für Benedikt selbstverständlich gewesen zu sein: seinen Mitmenschen nicht den Verstand abzusprechen und jedem anderen ebenfalls brauchbare Einfälle zuzutrauen. Im 3. Kapitel seiner Regel heißt es: «Sooft etwas Wichtiges im Kloster zu behandeln ist, soll der Abt die ganze Gemeinschaft zusammenrufen und selbst darlegen, worum es geht. Er soll den Rat der Brüder anhören und dann mit sich selbst zurate gehen ... Dass aber alle zur Beratung zu rufen seien, haben wir deshalb gesagt, weil der Herr oft einem Jüngeren offenbart, was das Bessere ist.» Einem Jüngeren! Und das in einer Zeit, in der das Ansehen eines Menschen von seinem Alter abhing, in der man als junger Mensch außerhalb des Klosters nicht viel zu sagen hatte! Man spürt, dass Benedikt denselben Widerwillen gegen Routine und Alltagstrott empfindet wie gegen selbstherrliche Alleingänge eines Oberen. Deshalb geht er noch weiter und verlangt vom Abt, selbst in geringfügigen Angelegenheiten erst nach Absprache mit den älteren Brüdern zu entscheiden. Um den letzten Zweifel an seiner «antiautoritären» Einstellung zu zerstreuen, gibt er am Schluss auf seine lakonische Art zu bedenken: «Tu nichts ohne Rat, dann brauchst du nach der Tat nichts zu bereuen.»

Wie ungemein fortschrittlich – oder soll man sagen: wie zeitlos vernünftig? – Benedikt hier denkt, fällt besonders auf, wenn man bedenkt, dass für ihn der Abt nichts weniger als der Stellvertreter Christi im Kloster ist. Trotzdem bleibt er für Benedikt ein fehlbarer Mensch, dem – bei aller Weisheit und Erfahrung – die Inspiration wegbleiben kann. Was den Abt vor allen anderen auszeichnet, das ist seine besondere Verantwortung, aber nicht seine spezielle Beziehung zu Gott, nicht die größere Begnadung oder Erleuchtung. Nach Benedikt kann jeder in den Genuss der Inspiration kommen, vom schlichtesten Bruder bis zum Stellvertreter Christi in Gestalt des Abts; der Geist verdünnt sich nicht auf seinem Weg von oben nach unten. Was in unseren Tagen immer noch heftige theologische Debatten auslösen kann, die Frage nämlich, ob die Wirkung des Heiligen Geistes durch demokratische Prozesse geschmälert wird, das stellt für Benedikt offenbar gar kein Problem dar: Er verbindet kurzerhand beide Elemente miteinander, die besondere Geistbegabung oder Autorität des Abts und das Mitspracherecht sämtlicher Mönche.

Gut, das war also mein Ziel, die kollektive Führung. Ich hatte nicht vor, auf meine Autorität zu verzichten, wollte aber erreichen, dass alle sich für das Wohlergehen der Gemeinschaft verantwortlich fühlen. Ich habe seither viel gelernt. Ich habe gelernt, dass alle ohne Ausnahme berücksichtigt werden wollen. Dass man mit jedem, den eine Sache irgendwie betrifft, rechtzeitig reden muss, und nicht nur pro forma. Dass man gar nicht glauben sollte, wie leicht sich jemand übergangen fühlt. Und dass die auf der untersten Stufe auch ihren Informationsvorsprung besitzen, nicht nur die auf den oberen Rängen. Ein mühevoller Weg, aber der einzige, wenn das Kloster zu einem lebendigen Ort werden soll, einem Ort, an dem Menschen ihre Ideale tatsächlich verwirklichen können.

Ich glaube, meine Erfahrungen im Kloster stimmen mit dem überein, was längst zum Allgemeinwissen guter Führungskräfte gehört: dass nichts damit gewonnen ist, wenn der Karrengaul kraftvoll anzieht – und hinter ihm reißt die Wagendeichsel ab. Dass man, mit anderen Worten, alle Mitarbeiter in die Verantwortung einbeziehen und jeden mitreden lassen sollte, sobald ihn ein Vorgang betrifft. Das klingt demokratisch, hat aber eigentlich nichts damit zu tun. Hier geht es nicht um Mitbestimmung – die oft nur zu verhärteten Fronten führt –, sondern um Mitgestaltung. Um das Ausschöpfen des enormen Potenzials an Berufserfahrung, Phantasie und Kreativität, das jede Belegschaft, jedes Team, jede Arbeitsgruppe darstellt. Deshalb lautet für mich ein weiterer Grundsatz kluger Führung: Als Chef darf man kein Alleingänger sein. Man muss vielmehr alles daransetzen, seine Mitarbeiter einzubinden, indem man sie erstens über alle wichtigen Vorgänge und Entwicklungen auf dem Laufenden hält, indem man sie zweitens an allen Entscheidungen beteiligt, die sie betreffen, und indem man drittens seine Verantwortung mit ihnen teilt.

«Unser Motto lautet: ‹Wer kann, der darf›», sagte mir der Justiziar einer großen Bank. «Wer was drauf hat, der darf ran. Natürlich müssen wir uns vor Leichtsinn hüten, natürlich müssen wir darauf achten, niemanden zum Größenwahn zu verleiten. Aber ich habe die schönsten Erfolge damit erzielt, jungen Leuten schon früh Verantwortung zu übertragen. Wir leben ja vom Erfolg, deshalb: ‹Wer kann, der darf.›» Macht teilen, Verantwortung übertragen, alle einbeziehen, Informationen von sich aus geben – das ist kein weltfremdes Prinzip, sondern ein Erfolgsrezept. Man kann dieses Leitmotiv sogar umkehren, und es stimmt immer noch: ‹Wer darf, der kann› – denn in vielen Fällen wird ein Mitarbeiter sich auch anspruchsvollen Aufgaben gewachsen zeigen, wenn er ein Gefühl dafür hat, wie wichtig er ist. Dazu muss man ihn fordern, nicht nur fachlich, sondern auch menschlich, denn mit dem Selbstvertrauen muss das Verantwortungsbewusstsein Schritt halten.

Und der Führende seinerseits muss wissen, dass er die anderen braucht. Manchmal allerdings dauert es, bis er begreift, dass sie eine Hilfe und kein Bremsklotz, kein Störfaktor sind. Und lange nicht jedem Vorgesetzten behagt es, seine Untergebenen an der Entwicklung neuer Ideen zu beteiligen. Mag sein, dass er ihnen grundsätzlich keine gescheiten Einfälle zutraut – aber dann dürften seine Tage als Führungskraft gezählt sein. Mag sein, dass er um seine Autorität fürchtet, wenn er eigenständige

Leistungen von Untergebenen anerkennen muss – aber dann ist es mit seiner Autorität ohnehin nicht weit her. Mag auch sein, dass er schlechte Erfahrungen mit «kreativen» Mitarbeitern gemacht hat – aber dann sollte er sich fragen, ob es vielleicht an ihm selbst liegt. Denn wenn ein Vorgesetzter wirklich zuhören kann, wenn er echte Gedankenfreiheit zulässt, dann legen sich Nörgelei und Rechthaberei rasch von allein. Wenn ich also lese, dass 80 Prozent unserer Manager sich lieber auf die eigene Intuition verlassen und ihre Entscheidungen einsam treffen, dann entdecke ich hier ein enormes Potenzial, das sich ohne großen Kostenaufwand nutzen lässt.

Ich erlebe auch oft, dass Vorgesetzte fürchten, mit ihren Ansichten nicht durchzudringen, wenn alle ein Mitspracherecht haben. Da fragen sie sich vor einer Sitzung besorgt, ob sie sich durchsetzen oder womöglich am massiven Widerstand der anderen mit ihren Vorschlägen scheitern werden. Was mich betrifft, ich habe mir irgendwann gesagt, dass es nicht darauf ankommt, am Ende als Sieger dazustehen. Ich brauche die anderen, also muss ich sie als Mitwirkende und nicht als bedrohliche Blockademacht verstehen. Das wirkt Wunder. Denn diese Haltung setzt bei allen Beteiligten jene Energien frei, die zur Bewältigung einer Aufgabe nötig sind. Sobald sie mein Vertrauen spüren, verlieren die anderen jedes Interesse an einer Abwehrschlacht. Dann entwickeln sie ihre eigenen Ideen, weil sie merken: Bei mir stoßen sie nicht auf Widerstand. Es gibt kein Bollwerk einzureißen. Es gibt auch keine Hintergedanken ans Licht zu fördern. Es geht allein um die Sache. Und plötzlich finden alle an einer konstruktiven Zusammenarbeit Gefallen.

Es fragt sich eben auch hier wieder: Wie sehr kann ein Chef sich zurücknehmen? Je weniger er in Erscheinung tritt, desto leichter fällt es ihm, seine Leute zu integrieren. Gute Führung muss jedem Mitarbeiter das Gefühl vermitteln, nicht das zu vollbringen, was dieser oder jener Abteilungsleiter will, sondern das, was er selbst gewollt hat. Und am sichersten wird dieses Ziel erreicht, wenn ein Vorgesetzter unauffällig, zurückhaltend, unaufdringlich agiert. Ein egomanischer Chef, vor dem keiner sicher ist, ein Vorgesetzter, der sich für den Dreh- und Angelpunkt seiner Abteilung hält, ruiniert nicht nur das Selbstwertgefühl seiner Mitarbeiter, er verspielt auch seine eigene Autorität – und schon kommt es auf Sitzungen zu Szenen verzweifelter Hilflosigkeit. Eine lieferte ein Institutsdirektor, der nach einem ermüdenden Monolog seine Ausführungen über die Zukunft der Anstalt zur Diskussion stellte und bei der ersten kritischen Anmerkung pathetisch ausrief: «So geht das nicht! Ich kann nur Mitarbeiter brauchen, die mit mir an einem Strang ziehen!»

Welches Maß an Souveränität ein kooperativer Führungsstil erfordern kann, dafür soll mir noch einmal der eingangs erwähnte Justiziar als Beispiel dienen. «Ich hatte einen bankrechtlichen Kommentar verfasst», erzählte er mir, «und vor der Veröffentlichung eine Mitarbeiterin gefragt, was sie von meinem Text hält. Sie las sich mein Werk zu Hause durch, kam dann zu mir ins Büro und strich mir um den Bart. Da habe ich sie unterbrochen. ‹Frau Kollegin›, habe ich gesagt, ‹bitte keinen Schmäh. Ich habe Anspruch darauf, von Ihnen kritisiert zu werden. Und diesen Anspruch fordere ich jetzt ein.› Nach und nach rückte sie dann mit ihrer Kritik heraus, und zwei Drittel von dem, was sie vorbrachte, habe ich auch beherzigt. Also, ich erwarte ehrliche Meinungen, weil ich nur von ehrlichen Meinungen profitieren kann. Wenn ich merke, dass mir einer nach dem Mund redet, wird er sofort versetzt.»

Man hat es in der Kunst der Menschenführung weit gebracht, wenn man in diesem Maße über seine Schwächen erhaben ist. Natürlich ist es sinnvoll, seine Leute einzubeziehen, aber das reicht noch nicht. Man muss als Chef auch immer wieder unter Beweis stellen, wie aufrichtig einem an kreativen und unbequemen Mitarbeitern gelegen ist. Damit sind keine

Nörgler gemeint oder Leute, die sich nur deshalb besonders intellektuell vorkommen, weil sie stets dagegen sind. Nörgler sind nie kreativ, und Kreative sind niemals Nörgler. Es mag sie immer und überall geben, diese Nörgler, aber wir sollten sie auf keinen Fall zum Vorwand für einsame Entscheidungen nehmen. Das Klügste ist, regelmäßig in kleinen Gruppen über bestimmte Themen zu diskutieren, in einer vertrauensvollen Atmosphäre, in der jeder aussprechen darf, was ihm spontan einfällt, in der niemand eingeschüchtert, niemand ausgelacht, niemand verächtlich gemacht wird. Nur so kommt man auf Neues. Kaum fällt dem einen etwas ein, hat der Nächste schon eine andere Idee, man regt sich gegenseitig an, und wenn die Gruppe nicht zu groß ist, dann erlebt man ein offenes, kreatives Brainstorming, das ein intellektueller Genuss sein kann. Und selbst wenn von zehn Ideen neun unbrauchbar sein sollten – für die zehnte hat es sich gelohnt.

Ich weiß, sie fällt nicht immer leicht, diese Zurückhaltung. Es kann Überwindung kosten, Rat einzuholen, wenn man sich selbst gar nicht ratlos vorkommt. Trotzdem sollte man mit der eigenen, womöglich längst gefundenen Lösung erst einmal hinterm Berg halten und die anderen kommen lassen. Die Ratlosigkeit einer Führungsperson ist ein starkes Stimulans für die Geführten, weil ihr Beitrag über die sachliche Notwendigkeit hinaus in diesem Fall auch einen persönlichen Gefallen bedeutet. Also niemals die eigenen Vorstellungen als Erster unterbreiten – das erschlägt die anderen, das lässt die Diskussion vereisen. Vielmehr ist es wichtig, zu versuchen, jeden aus der Reserve zu locken. Natürlich nicht, um dann zum Gegenschlag auszuholen!

Ich sage mir oft: «Warte, bis die Leute von allein drauf kommen. Du kannst ihnen auf die Sprünge helfen, aber du darfst ihnen jetzt nicht mit der Autorität deines Amtes dazwischenfunken.» Ich werde vielleicht versuchen, ihnen die Augen zu öffnen, aber ich werde ihnen nichts als fertige Lösung präsentieren, nichts beweisen wollen. Was man selbst entdeckt hat, das behandelt man wie einen Schatz, wie etwas Bedeutendes und Kostbares, weil es sich mit dem Stolz des Entdeckers und dem Glücksgefühl der Entdeckung verbindet. Etwas gezeigt oder vorgeführt zu bekommen, ist hingegen nie annähernd so beglückend. Da fühlt man sich als Schüler, der eine Belehrung über sich ergehen lassen muss, die ihm – selbst wenn sie sich als nützlich erweisen sollte – niemals so viel wie eine eigene Erkenntnis bedeuten wird. Das trifft im Übrigen nicht nur auf ein Brainstorming zu, das gilt genauso für die praktische Durchführung von Aufträgen. Als ausführendes Organ dürften die wenigsten auf ihre Kosten kommen. Ein kluger Vorgesetzter sollte deshalb Zielvorgaben machen, den Rahmen festlegen und nötige Informationen liefern, aber nicht alles vorwegnehmen, nicht zu viel verraten und zwischendurch nicht dreinreden. Den Weg zu finden, das überlasse man dem Mitarbeiter, weil Entdeckungen ein entscheidendes Element der Befriedigung durch Arbeit darstellen. Rufen wir uns also immer mal wieder in Erinnerung, welche Lust es ist, Ideen auszubrüten, weiterzuspinnen, reifen zu lassen und dann mitzuerleben, wie aus der Idee ein Plan, aus dem Plan ein Projekt und aus dem Projekt ein Werk wird. Da spürt man plötzlich diese herrliche produktive Unruhe, und schließlich wächst man wieder ein kleines Stück über sich selbst hinaus.

Übrigens finde ich, dass Sachverhalte mitunter besser durch Erzählen als durch Erläutern zu klären sind und Unterhaltungen im kleineren Kreis oft mehr Ertrag bringen als öffentliche Diskussionen. Deswegen lasse ich gern die Sitzungsatmosphäre und die hierarchischen Verhältnisse mit ihrem Zwang zur Selbstdarstellung hinter mir. Im Restaurant, auf langen Autofahrten oder Spaziergängen kommen die meisten ganz anders mit der Sprache heraus. Da ist es auch plötzlich gleichgültig, wer welche Idee geboren hat, da kann man sich ohne persönlichen Ehrdem Gedankenfluss überlassen, und dann entsteht etwas, weilen mit wunderbarer Beiläufigkeit. Deshalb rate ich, auch ußerhalb der Büros und Konferenzräume den Kontakt zu seinen Mitarbeitern zu suchen. Je entspannter die Situation, desto besser. Es müssen ja noch keine Entscheidungen gefällt werden. Aber so reifen Ideen und Projekte.

Irgendwann aber muss entschieden werden, und es gibt keine Debatten mehr. Dann wird von einer Führungsperson erwartet, dass sie Festigkeit beweist und klar macht: Nachtarocken gilt nicht. Sollten später gravierende Fehleinschätzungen erkennbar werden, muss der Kurs natürlich korrigiert werden, ansonsten aber bleibt es bei dem einmal gefassten Beschluss. Man hat es sich nicht leicht gemacht, und jetzt sollte man von der Position, zu der man sich durchgerungen hat, auch nicht mehr abweichen, jetzt ist es die Aufgabe eines Vorgesetzten, Sicherheit auszustrahlen, Rückendeckung zu geben, Flankenschutz zu gewähren. Mitarbeiter müssen sich darauf verlassen können, dass ihrem Chef nicht die Knie weich werden. Der Konrektor unserer Schule in Sankt Ottilien wurde einmal bei einem Treffen der Jugendseelsorger gefragt: «Weiß der Erzabt eigentlich, was die jungen Leute bei euch so alles treiben?» – «Keine Ahnung», hat mein Konrektor geantwortet. «Aber wenn er es wüsste, er würde mir auf jeden Fall den Rücken stärken.» Natürlich war ich froh, dass ich nicht immer alles wusste …

Anstoßen, fördern, Freiheit lassen – so habe ich meine Aufgabe stets verstanden. Nicht den ganzen großen Laden vor sich herschieben, sondern die anderen inspirieren, Ideen ausbrüten lassen und dann aufgreifen, Möglichkeiten erkennen, Folgen einschätzen, Initiative ergreifen und gelegentlich nachbohren. An der Ausführung selbst brauche ich nicht beteiligt zu sein. Irgendwann muss es laufen, ohne dass ich die ganze Zeit dabei bin. Was kein Desinteresse bedeutet, aber andere wissen und können einfach vieles besser als ich. Es ist ja immer so: Je höher man in einer Hierarchie aufsteigt, desto größere Bedeutung gewinnt die Führungskompetenz, desto mehr rückt die detaillierte Fachkompetenz in den Hintergrund. Wer ein halbes Dutzend Abteilungen unter sich hat, vom Rechnungswesen über die Rechtsabteilung bis zur Steuerstelle, der wird im Einzelnen zwangsläufig weniger von einer Sache verstehen als der jeweilige Profi. Er darf das auch, solange er die Autorität besitzt, bei den Spezialisten nachzuhaken und zu sagen: «Nein, begreife ich nicht. Erklären Sie mir das bitte», statt gleich abzuwinken mit den Worten: «Schon gut, machen Sie mal, Sie sind der Fachmann.»

Natürlich können Führungsqualitäten nicht die fachliche Kompetenz ersetzen. Beides gehört zusammen. Und beides kommt in besonderem Maße dort zusammen, wo eine Führungskraft die Fähigkeit besitzt, über den Tellerrand hinauszuschauen. Sich nicht damit zufrieden gibt, dass alles wunschgemäß läuft und reibungslos funktioniert, sondern Entwicklungen vorhersieht, zukunftsträchtige Einfälle aufgreift und neue Möglichkeiten erkennt, kurz: Visionen entwickelt. Das brauchen keine nächtlichen Erleuchtungen zu sein. Visionen können Ideen sein, die man aufgeschnappt oder irgendwo gelesen hat und sich zu eigen macht. Es sind auch keine Träume damit gemeint. Visionen sind realistisch und durchführbar, keine Ideal-, sondern Zielvorstellungen, überzeugend genug, um Kräfte zu mobilisieren und Begeisterung auszulösen. Wenn die Vision bei uns dennoch den Beigeschmack von Utopie angenommen hat, dann deshalb, weil mittlerweile der Minimalkonsens regiert, weil selbst Experten in ihren Gutachten den Kompromiss schon vorwegnehmen und einzig das Machbare, nicht mehr das Wünschenswerte benennen, weil allenthalben mit beschränkter Haftung vor sich hingeplaudert wird. Wie unendlich bereichernd dagegen, einen Menschen mit Visionen zu erleben und das seltene Vergnügen zu haben, sich nicht mit der Person, sondern mit ihren Gedanken auseinandersetzen zu müssen! In meinen Augen bilden Visionäre jedenfalls die eigentliche Energiezentrale eines Unternehmens – vorausgesetzt, sie verfolgen ihre Vorstellungen nicht stur für sich allein hinter geschlossener Bürotür. Denn eine Vision kann nur am Leben erhalten werden, wenn sie von vielen geteilt wird.

Für mich und meinen Orden bedeutet das: Wir stehen an einem Wendepunkt. Wir müssen mit der Globalisierung des Benediktinerordens zurechtkommen. Die Klöster in den armen Ländern wachsen, während sie bei uns in Europa schrumpfen. Was bedeutet das für das Führungspersonal in Sant'Anselmo? Welche Wege sollen wir beschreiten, um die Einheit des Ordens auch künftig zu gewährleisten, um den benediktinischen Charakter unserer Klöster unter den verschiedenartigsten kulturellen Vorzeichen zu bewahren? Sant'Anselmo ist die einzige Institution unseres Ordens, die diese Einheit fördern und erhalten kann, denn die jeweiligen Benediktinerklöster bilden autonome, selbständige Einheiten, und nicht einmal der Abtprimas ist befugt, dem Abt eines Klosters Weisungen zu erteilen. Wenn er etwas erreichen will, dann muss er überzeugen, als Mensch wie durch seine Ideen, und sein Einfluss auf den Orden reicht nur so weit wie das Vertrauen, das ihm entgegengebracht wird. Mit anderen Worten: Der Orden als Ganzes ist auf die Einsicht und die freiwillige Solidarität unserer Gemeinschaften weltweit angewiesen, wenn wir unsere Pläne verwirklichen und künftig möglichst viele Studenten aus Klöstern in Ländern der Dritten Welt an der Hochschule von Sant'Anselmo zu Lehrern ausbilden wollen, wenn wir darum bestrebt sind, diese Hochschule bestens auszustatten, personell wie finanziell, zum Wohl unserer Klöster auf lange Sicht. Das ist jedenfalls unser Ziel, das ist unsere Vision.

Inzwischen sind wir diesem Ziel nähergekommen, und unser Erfolg soll als letztes Beispiel dafür herhalten, wie vernünftig es ist, alle Beteiligten zu integrieren.

Bislang standen Sant'Anselmo nur dürftige Geldmittel zur Verfügung – allein die Kosten für die längst fällige Renovierung unseres Dachs übersteigen unseren gesamten Jahresetat. Um Sant'Anselmo auf eine neue finanzielle Basis zu stellen, erschien es uns unumgänglich, die wohlhabenden nordamerikanischen Abteien für unsere Vision zu gewinnen. Das Problem war nur: Kaum jemand in den USA wusste von unserer Existenz, und die meisten amerikanischen Äbte hatten bis dahin nur verhaltenes Interesse an Sant'Anselmo gezeigt – Rom war ihnen einfach zu weit weg, es lag jenseits des großen Teiches und damit buchstäblich jenseits ihres Horizonts. Wie konnten wir sie dazu bringen, Verantwortung für Sant'Anselmo zu übernehmen und unsere Pläne zu ihrer Sache zu machen?

Es gelang mir, meinen Freund Erzabt Douglas für unsere Vision zu gewinnen. Er steht der Abtei St. Vincent vor, dem größten Benediktinerkloster der USA, und ist ein erfahrener Spendensammler – allein für den Bedarf seiner Abtei und seiner Hochschule unterhält er zwei Entwicklungsbüros mit großem Mitarbeiterstab. Von ihm stammte die Idee, ein eigenes Büro für Sant'Anselmo in den USA einzurichten, mit professionellen Fundraisern als Angestellten, und die halbe Million Dollar jährliche Unterhaltskosten dafür zunächst einmal von den amerikanischen Klöstern einzutreiben. Und jetzt musste ich selber ran.

Ich fuhr also in die USA, immer wieder. Ich erläuterte den amerikanischen Äbten, wie es um Sant'Anselmo bestellt ist, was wir treiben und welche Bedeutung dieser Ort für die Zukunft des Ordens hat. Ich sprach von den Stipendien, um Lehrer und Professoren aus armen Ländern und Führungskräfte für die Kirche weltweit bei uns ausbilden zu können, ich redete von den notwendigen Sanierungsarbeiten an dem alten Gebäude auf dem Aventin, ich erklärte, warum es sich lohnt, dafür Opfer zu bringen. Später wiederholte ich meinen Vortrag vor den Privatleuten, die Erzabt Douglas mit seinen 5000 Rundbriefen auf unsere Arbeit neugierig gemacht hatte. Und plötzlich interessierten sich die amerikanischen Äbte für uns. Endlich gab es eine Vertrauensbasis für eine engere Zusammenarbeit. Und irgendwann gingen die ersten Schecks ein. Heute sieht es ganz so aus, als würden wir ein solides amerikanisches Standbein bekommen. Damit ist die Verwirklichung unserer Vision nähergerückt. Doch bevor es so weit ist, werde ich wohl noch viele Male in die USA reisen und Stimmung für Sant'Anselmo machen müssen, denn es kann Jahre dauern, bis eine solche Stiftung den zugedachten Zweck erfüllt.

■ 05 ■ KEINE ANGST VORM STARKEN MANN
Von falschen und echten Führern

Abtprimas Notker Wolf

Vor einiger Zeit bat mich der Chef des Bayerischen Landtags, einen Wochenendkurs für junge Politiker durchzuführen, bei dem es um Führungsqualitäten und gesellschaftliche Verantwortung gehen sollte. «Viele unserer jungen Politiker sehen heute keinen Zusammenhang mehr zwischen Führung und Verantwortung», sagte er. «Früher war das anders. Früher kamen die meisten unserer Abgeordneten aus dem katholischen Milieu und hatten schon bei den Jugendgruppen der katholischen Pfarreien gelernt, Verantwortung zu tragen. Aber die fallen heute weitgehend aus.»

Natürlich wusste ich, was er meinte. Ich habe noch selber erlebt, dass die Kirche in den Landgemeinden mehr zu bieten hatte als Sonntagsmessen. Kirche war für uns ein Stück Heimat. Emotional war das kirchliche Gemeinschaftsbewusstsein damals stärker ausgeprägt als das politische, dennoch bekam man als junger Mensch bereits einen Vorgeschmack auf das, was man als politischen Eros bezeichnen könnte, auf die Freude an der Verantwortung für Menschen, für die Gesellschaft als Ganzes. Man übernahm ja automatisch Verantwortung, wenn man bei diesen Jugendgruppen mitmachte. Was hat man da nicht alles gelernt! Ein Kassenbuch zu führen, die Gruppenstunden vorzubereiten, ein Zeltlager zu organisieren, die Disziplin im Lager aufrechtzuerhalten usw. Es war eine Ehre, dabei sein zu dürfen, und eine Frage der Ehre, sich nicht zu blamieren. So sind die jungen Leute seinerzeit unmerklich, ohne groß darüber nachzudenken, in ein selbstverständliches Verantwortungsgefühl hineingewachsen, und wenn sie später für das Bürgermeister-

oder Landratsamt kandidierten, dann besaßen sie eine natürliche, glaubwürdige Autorität. Nach achtundsechzig schwand das Interesse an Kirche und Gottesdienstbesuch, und mit der Zeit hatten die Pfarreigruppen immer weniger Zulauf. Es wird nicht zuletzt an dieser Entwicklung liegen, dass man in Politik und Wirtschaft nicht mehr allzu häufig jenem gewachsenen Verantwortungsgefühl begegnet, das wahre Autorität ausmacht. Führung bedeutet, aufgrund seiner Position Verantwortung für Menschen zu übernehmen – eine Verantwortung, aus der man sich nicht verabschieden kann, es sei denn zum Schaden derer, die man führt. Je später man das lernt, desto schlechter – wir werden später im Zusammenhang mit Schule und Erziehung noch darauf eingehen.

Neben den bereits erwähnten individuellen Gründen für schlechte Führung haben wir es meines Erachtens also auch mit gesellschaftlichen Ursachen zu tun. Der Niedergang der christlichen Jugendarbeit gehört gewiss dazu. Eine weitere Ursache scheint mir das bei uns verbreitete Misstrauen gegenüber dem «starken Mann» zu sein, unsere fast instinktive Abneigung gegen Führungspersönlichkeiten, die Kraft und Selbstbewusstsein ausstrahlen. Dieses Misstrauen ist uns nachgerade in Fleisch und Blut übergegangen, und auf den ersten Blick scheint es gute Gründe dafür zu geben: Unsere eigene historische Erfahrung soll uns zu diesem Misstrauen berechtigen, heißt es, schließlich seien wir gebrannte Kinder. Auf den zweiten Blick finde ich diese Begründung allerdings wenig überzeugend, und ich will erklären, weshalb.

Mit dem Wort «Führer» verbinden die meisten heute ausnahmslos die finsteren Gestalten des 20. Jahrhunderts, den Duce Mussolini, den Caudillo Franco, den Maximo Líder Fidel Castro und natürlich Adolf Hitler. Sie alle betitelten sich selbst als Führer. Seither ist dieses Wort bei uns nicht mehr gesellschaftsfähig; selbst Reiseführer werden mittlerweile schamhaft als «Guides» bezeichnet, allenfalls im «Führerschein» wird es noch geduldet. Unser Bild von einem Führer ist dermaßen verdunkelt, dass uns in weiten Bereichen der Gesellschaft sogar die heilsame Funktion des Führens entgeht. Ich möchte deshalb daran erinnern, dass es noch andere Führer als die Diktatoren des 20. Jahrhunderts gab – allen voran die große Führergestalt des Mose, das Urbild eines Führers und große Vorbild von Freiheitshelden und Bürgerrechtlern wie Martin Luther King, der sich ja ebenfalls als Führer verstand. Sicher haben die einen mit den anderen etwas gemeinsam: Sie traten mit dem Versprechen auf, ihre Völker in eine bessere Zukunft zu führen. Aber wir dürfen auch den fundamentalen Unterschied zwischen ihnen nicht übersehen: Die selbsternannten Führer des 20. Jahrhunderts haben ihre Völker in Wirklichkeit versklavt – Mose hingegen hat sein Volk tatsächlich aus der Sklaverei in die Freiheit geführt, und die Wüstenwanderung ging mit einem Emanzipationsprozess einher, in dessen Verlauf das Volk den verantwortungsvollen Umgang mit seiner neuen Freiheit erprobte. Führer ist also nicht gleich Führer; eigentlich sollten wir die erwähnten Diktatoren darum besser als *Ver*führer bezeichnen und die Definition «Führer» für diejenigen aufsparen, die ihren Leuten mutig auf dem Weg in die Freiheit vorangegangen sind. Unter ihnen ist Mose das Vorbild mit der größten Ausstrahlungskraft. So schöpfte Martin Luther King aus dem Bild des Volkes Israel, das unter Moses Führung unterwegs durch die Wüste ist, seine Hoffnung für das Schicksal der Schwarzen Nordamerikas, und das Zweite Vaticanum knüpfte bewusst an dieses Bild an, als es die Kirche als das pilgernde Gottesvolk bezeichnete.

Selbstverständlich waren diese Führer starke Männer. Wer würde bezweifeln, dass Mahatma Gandhi oder Martin Luther King beeindruckende Persönlichkeiten waren? Oder wer kann sich vorstellen, dass die Unabhängigkeit Indiens, dass die Erfolge der Bürgerrechtsbewegung in den USA möglich gewesen wären, wenn ihre Führer schwache Männer (oder schwache Frauen) gewesen wären? Wenn heute immer noch mit verächtlichem Unterton vor der «Sehnsucht nach dem starken Mann» gewarnt wird, wenn wir kaum noch von männlicher Stärke reden können, ohne dass automatisch der Vorwurf der Anmaßung oder der Überheblichkeit mitschwingt, dann sind wir Opfer eines Missverständnisses geworden. Dann haben wir Stärke mit Macht verwechselt. Dann tun wir so, als wäre die Stärke eines Menschen etwas ebenso Bedrohliches wie die politische Machtfülle eines Einzelnen. Das ist Unsinn. Als wären wir mit schwachen Männern besser bedient. Keine Bewegung kommt ohne starke Männer, ohne starke Frauen aus, und auch die antiautoritäre Bewegung der Sechzigerjahre hat uns starke Männer in erklecklicher Zahl beschert – es sei nur an Studentenführer wie Rudi Dutschke erinnert oder an Vorbilder wie Mao Tse-tung und Ho Chi Minh.

Wir sollten uns wieder darauf besinnen, dass Führer nicht zwangsläufig furchtbares Unheil stiften und starke Männer genauso erwünscht sind wie starke Frauen. Wir können von Glück sagen, wenn unsere Chefetagen von gestandenen Manns- und Weibsbildern bevölkert werden, um es mal bayerisch auszudrücken. Ganz abgesehen davon, dass jedes Unternehmen, jede Partei, jedes politische Amt eine Führungsgestalt braucht, die einem Programm, einem Projekt oder dem ganzen Konzern ihr Gesicht gibt.

Die einzige Frage ist also, was wir als Stärke verstehen wollen. Ich möchte darauf mit drei Beispielen antworten. Im ersten geht es um die Vorbildfunktion des Führenden, im zweiten um den Zusammenhang von Lebenserfahrung und Lebensmut, im dritten um die Bereitschaft, sich auch dann noch kontrollieren zu lassen, wenn man an der Spitze steht.

Führungsaufgaben wahrzunehmen ist auch deshalb kräftezehrend, weil andere einem dabei zuschauen. Ein Vorgesetzter steht ständig unter Beobachtung, wird argwöhnisch belauert oder heimlich bewundernd beäugt und darf sich in jedem Fall sicher sein, dass er von Blicken verfolgt wird. Das ist eine enorme Herausforderung. Nichts von dem, was er tut oder lässt, bleibt ohne Wirkung; jeder bekommt es mit, wenn sein Verhalten seine Reden und Appelle Lügen straft. Vorbild ist er also auf jeden Fall, er hat gar keine Wahl. Aber je nachdem, welches Bild er abgibt, kann er die Loyalität seiner Untergebenen gewinnen oder verspielen. Wer seine Mitarbeiter mit Arbeit überhäuft, wer von ihnen erwartet, dass sie bis spät abends in der Firma bleiben, und selbst um vier Uhr nachmittags auf und davon ist, weil er auf dem Golfplatz erwartet wird, der untergräbt seine Autorität und wird überdies erleben, dass ihm jedes Versehen als gezielte Schikane angekreidet wird. Wer sich aber selbst nicht schont, wer Konflikten nicht ausweicht und seine Projekte mit vollem Einsatz durchzieht, der erwirbt sich nicht nur die Achtung seiner Mitarbeiter, dem wird auch so leicht nichts verübelt. Wie ernst jemand seine Vorbildfunktion nimmt, ist eben nicht nur eine Frage der persönlichen Moral, es ist auch ein entscheidender Aspekt der klugen Menschenführung.

Und alles andere als bequem. Die Bemerkung meines alten Priors über das ewig gute Beispiel, das ihn allmählich umbringe, war so scherzhaft dann doch nicht gemeint. Auch mancher Abt empfindet es als Last, ständig unter den Blicken anderer zu agieren. Da hilft nur, vorbildliches Verhalten ganz bewusst als Teil seiner Aufgabe zu verstehen. Es führt kein Weg daran vorbei, weil Tugenden nur im erlebten Alltag durch das Vorbild von Menschen vermittelt werden. Abstrakte Wertediskussionen, wie sie von Zeit zu Zeit in Deutschland aufflackern, sind völlig sinnlos. Es werden Vorbilder gebraucht, Persönlichkeiten, die Werte als lebendige Kultur vor Augen führen. Autorität muss man erfahren, alles andere ist Palaver. Auch Benedikt hält es für nötig, darauf hinzuweisen. Im 2. Kapitel seiner Regel sagt er:

«Der Abt mache alles Gute und Heilige mehr durch sein Leben als durch sein Reden sichtbar. Einsichtigen Jüngern wird er die Gebote des Herrn mit Worten darlegen, hartherzigen aber und einfältigen wird er die Weisungen Gottes durch sein Beispiel veranschaulichen. In seinem Handeln zeige er, was er seine Jünger lehrt ...» Und genauso sah es der bereits erwähnte Laotse rund 800 Jahre zuvor. In seiner philosophischen Abhandlung *Tao Te King* schrieb er:

> Demgemäß begnügen sich die Meister damit,
> als Vorbilder zu dienen,
> ohne ihren Willen aufzuzwingen.
> Sie sind unmissverständlich, ohne zu verletzen,
> freimütig, ohne zu drängen,
> strahlend, ohne zu blenden.

Dies dürfte schon zeigen: Wer abfällig über den «starken Mann» redet, hat nicht verstanden, wie groß die Herausforderung ist, der sich Führende stellen, der weiß nichts von den körperlichen und seelischen Belastungen, denen sie ausgesetzt sind. Führungskräfte müssen etwas aushalten können – und damit sind wir bei dem zweiten Beispiel. Und sie werden das umso eher können, je seltener sie in ihrem Berufsleben den Weg des geringsten Widerstands gegangen sind. Mit anderen Worten: Starke Führungspersönlichkeiten bringen, zu allen anderen Qualitäten, auch eine Menge Lebenserfahrung mit. Ihr Erfahrungsschatz ist vielleicht sogar ihr größtes Kapital. Typen mit makellosen Blitzkarrieren haben wenig, worauf sie zurückgreifen können, wenn's brenzlig wird. Man sollte es sich daher nie zu leicht machen. Als Führender muss man die Erfahrung gemacht haben, schon mit manchem fertig geworden zu sein und einiges überstanden zu haben. Bis zu einem gewissen Grad sollte man auch abgehärtet sein, gegen Kritik wie gegen Schmeicheleien.

Es darf einen nichts so leicht umhauen. Am besten, man hat in seinem Leben schon einige Höhen und Tiefen durchschritten, hat Treffer abbekommen und Rückschläge einstecken müssen und trotzdem immer wieder den Mut gefunden, sich dem Unvorhersehbaren und Unkalkulierbaren auszusetzen.

Außerdem schult man in riskanten Situationen seine Intuition, schärft seine Wahrnehmung, entwickelt Fähigkeiten, die einem in Krisen zugute kommen. Wer dem Leben ausgewichen ist, der taugt eben auch deshalb nicht zum Führer, weil er emotional unterentwickelt ist. Dazu fällt mir eine Begebenheit ein, die viele Jahre zurückliegt. Kurz vor meiner Wahl zum Erzabt in Sankt Ottilien nahm mich ein alter Bruder zur Seite und sagte: «So, Hochwürden, sind Sie gesund?» – «Na, ja», sagte ich, «so einigermaßen. In meiner Kindheit war ich oft krank, später hat sich das gelegt. Aber ich weiß schon, wie ein Krankenhaus von innen aussieht.» – «Das ist gut so», entgegnete er. «Ein Abt sollte nicht zu gesund sein, sonst hat er kein Verständnis für die Schwachen und Kranken.» Ich stutzte einen Augenblick. So hatte ich das noch nie gesehen. Aber der alte Bruder hatte recht. Einer, der die Welt auch schon von unten gesehen hat, bringt das nötige Einfühlungsvermögen eher mit als ein unbeleckter Mensch.

Eine weitere Frucht der Lebenserfahrung, die hier erwähnt werden sollte, ist die Menschenkenntnis. Als Führungskraft muss man auf Signale reagieren, die jenseits der verbalen Ebene liegen, muss man einschätzen und vorhersehen können: Der ist ein Querulant, der wird beim ersten Gegenwind einknicken, der ist auf den Chefsessel aus – und dafür braucht man eine Intuition, die mit der Erfahrung wächst. Wenn jemand zu mir kommt und ins Kloster aufgenommen zu werden wünscht, dann kann ich spätestens nach zehn Minuten einschätzen, ob er fürs Klosterleben geeignet ist oder nicht. Spüre ich, dass jemand Angst um sich selbst hat und nach Anerkennung lechzt, dann weiß ich: Der wird bei uns nicht glücklich werden, dem werden wir nie die erhoffte Selbstbestätigung bieten können. Unsere Brüder müssen schon ziemlich selbständig sein, wir sind kein Pflege- und Kuschelorden. Die Kunst besteht also weniger darin, Menschen nach äußeren Anzeichen zu beurteilen, als darin, ihre Grundhaltung herauszuhören. Und dafür ist ein gerüttelt Maß an Lebenserfahrung nötig.

Wie wenig hat das alles mit Macht zu tun und wie viel mit persönlicher Stärke, mit Menschenkenntnis und einem Lebensmut, der sich aus reicher Erfahrung speist! Wieder zeigt sich, wie albern es ist, an Kraftmeierei oder Omnipotenzgehabe zu denken, sobald vom «starken Mann» die Rede ist.

Mit dem dritten Beispiel möchte ich nun daran erinnern, dass Stärke sich auch noch ganz anders ausdrücken kann: gerade nicht im auftrumpfenden Gestus des Autokraten, sondern als kluge Selbstbeschränkung.

Selbstverständlich muss ein Führender wissen, was er will. Er sollte zumindest eine Generallinie haben und fähig sein, Ziele zu definieren. Das gehört zu seinen ureigensten Aufgaben, so rechtfertigt er das grundsätzliche Vertrauen seiner Mitarbeiter. Wer nicht weiß, was er will, bietet keine Orientierung und taugt mithin nicht als Führer. Und bei aller weisen Zurückhaltung, bei aller Bereitschaft zur Kooperation muss klar sein, wer führt, wer die Verantwortung trägt. Es wäre ein kapitaler Fehler, seine Autorität schamhaft zu verleugnen oder sich womöglich in der Gruppe zu verstecken und das kollektive Votum vorzuschieben, nach dem Motto: «Es haben ja alle so gewollt. Ich war zwar nicht dafür, aber diesbezüglich machtlos.» Genauso feige ist es, sich bei seinen Entscheidungen hinter wissenschaftlichen Analysen oder Expertengutachten zu verschanzen, wo der gesunde Menschenverstand zur Beurteilung eines Sachverhalts völlig ausreichen würde. Man sollte also auf keinen Fall den Eindruck erwecken, vor den Konsequenzen seiner Verantwortung zurückzuscheuen. Dennoch – es kann eine Situation eintreten, in der es ratsam ist, sich freiwillig einer stärkeren Kontrolle zu unterwerfen. Und eine solche Situation fand ich nach meiner Wahl zum Abtprimas in Sant'Anselmo vor.

Mein Vorgänger hatte großen Wert darauf gelegt, möglichst freie Hand zu haben. Ich hingegen wollte nichts von einiger Tragweite im Alleingang entscheiden. Mir schwebte ein beratendes Gremium vor, das es in dieser Form bisher noch nicht gab. Zwar fanden meine Mitarbeiter einen solchen Rat entbehrlich – sicherlich ein Vertrauensbeweis mir gegenüber –, doch wenn ich mir anschaute, welche Dimension der ganze Komplex Sant'Anselmo angenommen hatte, welche Lasten mir die verschiedenen Aufgaben eines Abtprimas aufbürden würden, dann musste ich mir einen solchen Rat wünschen.

Als Abtprimas ist man zum einen für den Bereich der Hochschule und der Abtei von Sant'Anselmo verantwortlich, ist, mit anderen Worten, der Abt aller Mönche, die dort während ihres Studiums leben, und gleichzeitig der Chef einer stetig wachsenden Zahl von Angestellten, die – typisch italienisch – in den unterschiedlichsten Gewerkschaften organisiert sind. Dazu kommt der zweite Aufgabenbereich, nämlich die Sorge für den Orden als Ganzes, und die verlangt von einem Abtprimas unter anderem, die einzelnen Klöster zur Zusammenarbeit zu bewegen und die Einheit der gesamten Benediktinerkonföderation zu erhalten. Diese Einheit ist nicht strukturell vorgegeben; der Abtprimas ist gewissermaßen das Missing Link zwischen den Einzelklöstern und muss die Verbindung unter ihnen im persönlichen Kontakt aufrechterhalten. Wie ein Abtprimas seiner Aufgabe gerecht wird, das ist immer wieder eine Interpretations- und Ermessensfrage, da muss sich jeder etwas Neues einfallen lassen. Meine Vorstellung war jedenfalls, in einen permanenten Gedankenaustausch mit allen Klöstern einzutreten, und deshalb brauchte ich diesen Rat – als kontrollierendes und unterstützendes Gremium, damit mir die Alltagsarbeit nicht über den Kopf wuchs.

Ich habe diesen «Rat des Abtprimas» dann ins Leben gerufen, als Institution, und ihn mit leitenden Mitarbeitern aus Sant' Anselmo sowie repräsentativen Vertretern des Ordens besetzt. Er steht mir in Personal- und Finanzfragen zur Seite und ermöglicht mir eine ständige Kontrolle unserer ökonomischen Situation, doch nicht nur das. Er gibt den anderen auch die Gewissheit, dass ihr Abtprimas sich keine Eigenmächtigkeiten leistet, wirkt mithin als vertrauensbildende Maßnahme von größter Überzeugungskraft, und er bewahrt mich selbst vor Fehlentscheidungen aus Kurzsichtigkeit, erleichtert mir die Arbeit also erheblich. Obendrein habe ich durch die Ratsmitglieder einen guten Draht zu den Klosterverbänden ihrer jeweiligen Heimatregion, was nicht zuletzt ein verstärktes Interesse an Sant'Anselmo dort zur Folge hatte. Alles in allem hat dieser Rat sich als Segen erwiesen, und als ich zwei Jahre später darauf aufmerksam gemacht wurde, dass nichts dergleichen in unseren Statuten vorgesehen, dass der Rat eigentlich unrechtmäßig sei, hat mich das kalt gelassen. Ich brauchte diese bestimmte Form der freiwilligen Selbstkontrolle. Der Rat verhindert Alleingänge, er stellt obendrein eine deutliche Verbesserung unseres Problemlösungsverfahrens dar, also behielten wir ihn bei – ohne ihn bislang in die Statuten aufzunehmen. Ich will meinem Nachfolger kein Erbe hinterlassen, das er als Beschränkung seiner Handlungsfreiheit verstehen könnte. Vielleicht wird er sich eingeengt fühlen und dann nur mit halber Lust und halber Kraft an seine Arbeit herangehen, wer weiß. Der Rat ist also bis heute ein bewährtes Provisorium geblieben.

Diese drei Beispiele sollen genügen. Sie zeigen hoffentlich, wie abwegig es ist, männliche Stärke in einem Kurzschluss mit zerstörerischen Kräften zu assoziieren. Und gleichzeitig verstehe ich sie als Werbung für ein positives, entspanntes Verhältnis zur Autorität. Letzteres ist mir besonders wichtig. Ich glaube, dass wir wieder einen Blick für die humane, humanisierende Kraft der Autorität entwickeln müssen, soll Führung nicht auf die Wahl zwischen willkürlicher Machtausübung und der Unterwerfung unter einen peniblen, politisch korrekten Verhaltenskodex hinauslaufen. Wenn wir uns vergegenwärtigen, was alles die Stärke einer Führungsperson ausmacht, fällt uns ein abgeklärtes, vom Generalverdacht der Anmaßung befreites Verständnis von Autorität vielleicht leichter. In einem Punkt allerdings könnte ich mich dem Misstrauen gegen den starken Mann anschließen: Mir ist nie ganz wohl dabei, wenn ich Zeuge der Wirkung charismatischer Führungspersönlichkeiten werde. Da besteht die Gefahr, dass Führung zur Verführung wird. Bei Menschen, die einer Faszination erliegen, wird nun einmal der Verstand zumindest vorübergehend außer Gefecht gesetzt.

Dabei will ich gar nicht in Abrede stellen, dass wir Menschen brauchen, die verzaubern, begeistern, faszinieren, die durch ihre Ausstrahlung und Anziehungskraft Großes zu bewegen im Stande sind. Bisweilen allerdings erlebe ich, dass die Leute einem Charismatiker für meinen Geschmack etwas zu widerstandslos folgen. Vielleicht bin ich in dieser Hinsicht übertrieben skeptisch, aber selbst während meines letzten Besuchs bei Frère Roger Schutz in Taizé gab es für mich einen Moment der Irritation. Frère Roger, zweifellos ein großer Charismatiker und genauso zweifellos über jeden Verdacht erhaben, stand wegen seines hohen Alters an eine Säule gelehnt, und die jungen Menschen, die dem Gottesdienst auf der Erde hockend beigewohnt hatten, formierten sich zu einer langen Schlange, gingen auf die Knie und rutschten auf ihn zu, um einzeln seinen Segen zu empfangen. Ich war von diesem Bild völliger Hingabe tief beeindruckt – und gleichzeitig für Augenblicke befremdet von dem Zustand der Trance, in dem sie sich zu befinden schienen.

Wie gesagt, bei Frère Roger bestand niemals die Gefahr der Manipulation. Er ist für mich der Inbegriff eines begnadeten charismatischen Führers gewesen, einer, der die jungen Leute, die ihm zuströmten, von seiner Person ablenkte und auf Gott hin orientierte. Sein Vorbild liefert uns den Maßstab für das, was einen wahren Charismatiker auszeichnet: Er versucht nicht, Menschen in die Gewalt zu bekommen, er lässt sich von seinem eigenen Charisma auch nicht mitreißen. Menschen mit starker Ausstrahlung sollten wir also immer daraufhin prüfen, ob sie Begeisterungsfähigkeit und Überzeugungskraft mit praktischer Vernunft und Selbstkontrolle verbinden. Frère Roger, aber auch Schwester Teresa, Nelson Mandela und Martin Luther King haben in meinen Augen diese Prüfung bestanden.

Ein Problem allerdings ergibt sich aus der Natur der Sache und ist deshalb kaum in den Griff zu bekommen: Wie geht es weiter, wenn sich eine charismatische Führungspersönlichkeit zurückzieht, wer soll die Nachfolge dann antreten? Charismatiker sind ja eigentlich nicht zu ersetzen, und oft steht und fällt ein Werk mit der Persönlichkeit dessen, der es zum Erfolg geführt hat. Roger Schutz hat die Weitsicht bewiesen, seinen Nachfolger selbst zu bestimmen, und seiner Gemeinschaft dadurch eine Zerreißprobe erspart. Oft aber versäumen erfolgreiche Führungsgestalten, die Nachfolge zu regeln, und lieber nehmen sie ein Scheitern ihres Werks in Kauf, als das Risiko einzugehen, den Ambitionen eines Thronfolgers zum Opfer zu fallen. Sie verkennen dabei, dass es die letzte und höchste Aufgabe jedes Führers ist, sich überflüssig zu machen. Ich habe deshalb stets dafür gesorgt, dass die fähigsten meiner Leute eine exzellente Ausbildung erhalten und möglichst bald verantwortliche Stellen besetzen, damit sie meinen Platz jederzeit einnehmen können. Allerdings – es gibt bei uns im Orden keine Garantie dafür, dass einer dieser «Kronprinzen» dann auch tatsächlich die Nachfolge antritt, denn die Gemeinschaft wählt den Abt, und ihre Wahl kann genauso gut auf jeden anderen fallen. Mir ist es trotzdem lieber, zu wissen, dass ich ersetzlich bin.

■ 06 ■ FÜHRER MÜSSEN KÜNSTLER SEIN
Was ich von einer Führungskraft erwarte

Schwester Enrica Rosanna

Abtprimas Notker nennt die Regel des heiligen Benedikt eine nie versiegende Quelle der Inspiration für alle, die vor der Frage stehen, wie Menschen zu führen seien und ein Gemeinschaftsleben zu gestalten sei. Zu Recht, wie ich finde. Zwar bestimmt die benediktinische Regel mein Leben nicht im selben Maße wie das seine – ich bin Salesianerin, und anders als die Benediktiner haben wir uns nicht für die Lebensform der geschlossenen Gemeinschaft entschieden –, aber ich erlebe die Gültigkeit dieser Regel sozusagen im universellen Maßstab. Der Papst hat mir die Sorge für den Bereich der Klöster übertragen, und ich kann bestätigen, dass der heilige Benedikt wirklich der Vater des religiösen Lebens ist. Was er auch schreibt, es ist schlicht und konkret, es beweist eine außerordentliche innere Ausgeglichenheit und eignet sich daher als Orientierung für alle religiösen Gemeinschaften.

Meine Erfahrungen mit den unterschiedlichsten Orden – das sollte ich vielleicht sagen – beschränken sich nicht auf die Fälle, die ich hier im Vatikan von meinem Schreibtisch aus bearbeite. Bei schwierigen Problemen ziehe ich oft den Abt, die Äbtissin oder eine Ordensschwester hinzu, um gemeinsam mit ihnen nach Lösungen zu suchen. Außerdem unternehme ich Reisen, um mich persönlich mit den Leuten zu treffen, die sich hilfesuchend an uns gewandt haben, denn bei komplexen Problemen kann ich meine pastorale Erfahrung nur im Gespräch von Frau zu Mann oder von Frau zu Frau wirksam einsetzen, nicht am Telefon und nicht allein in der schriftlichen Korrespondenz. Mitunter reise ich auch zu Ausbildungszwecken oder um Vorträge zu halten, und dann findet sich oft eine Gelegenheit, mit Äbtissinnen und Äbten über ihre Rolle oder über die speziellen Schwierigkeiten der einzelnen Orden in der heutigen Welt zu sprechen. Manche sind überfordert, manches liegt im Argen, und viele der Probleme und Konflikte bekomme ich hautnah mit.

Immer bin ich dabei bestrebt, meine Aufgaben im Geist des Christentums zu erfüllen, und auch wenn ich in diesem Buch über Führung im weitesten Sinn schreibe, schweben mir doch die Eigenschaften einer christlichen Führungskraft als die solideste Voraussetzung für gute Führung vor. Ich werde also vom Bild eines Führers ausgehen, der mehr als ein Betriebsleiter ist, der nicht bloß im soziologischen Sinn führt, sondern aus dem Glauben heraus die Werte des Christentums – wie Frieden, Gerechtigkeit und Eintracht – in die Politik, in die Wirtschaft, in die Unternehmen und genauso in die Schulen und Familien hineinträgt. Gerade an solchen Menschen scheint es mir heute zu fehlen. Das Christentum ist ja nichts Privates, es ist etwas Öffentliches, weil es alles betrifft, was der Mensch ist und schafft. Das Glück des Einzelnen wie das Wohlergehen der Allgemeinheit hängt daher meines Erachtens davon ab, dass wir uns jene Werte aneignen, die das Erbe des Christentums bilden, und diese Werte in der Gesellschaft zum Leben erwecken.

Wir bestehen ja nicht nur aus Tun, wir haben auch ein Sein. Für mich als religiöse Führungskraft bedeutet das, dass die mir übertragene Aufgabe für mich zur Berufung werden muss. Sie darf keine bloße Rolle bleiben, die ich spiele, oder eine Arbeit sein, die ich erledige, sie muss vielmehr zum höchsten Ausdruck meiner selbst werden, damit ich nicht nur alle meine Energien hineingeben kann, sondern alles, was ich als Mensch bin. Es reicht daher nicht, wenn ich mich auf dem Gebiet bewähre, das ich als Regierungskunst bezeichnen würde, wenn ich also gewissenhaft und effizient all die Probleme löse, die an mich herangetragen werden. Ich muss darüber hinaus auch das beherrschen, was ich unter der Kunst zu animieren, zu beleben und Kräfte zu wecken verstehe, damit ich den Menschen, mit denen ich zu tun habe, dazu verhelfen kann, ihrem Auftrag und ihrer Identität gemäß zu leben. Wobei die Schwierigkeit manchmal darin besteht, diese beiden Künste in der eigenen Person ins Gleichgewicht zu bringen, oder, anders ausgedrückt: zu spüren, welche Situation eine sachgerechte Lösung nach den Regeln der Regierungskunst erfordert und welche nach einem persönlichen Eingreifen im Sinne der Kunst zu animieren verlangt.

In jedem Fall müssen wir als Führende Künstler sein. Mit Kunst meine ich allerdings nichts, was als Vollkommenheit unerreichbar hoch in den Wolken hängt – ein Künstler ist für mich vielmehr ein Mensch, der die Fähigkeiten, die seine Aufgabe ihm abverlangt, ständig weiterentwickelt und vertieft. Ein Künstler ist so gesehen nicht Besonderes, und zumindest von uns religiösen Führern wird erwartet, dass jeder ein Künstler ist – Künstler im Beten, Künstler im Leiden, Künstler in der Erfüllung seiner Aufgabe. Gewiss, nicht jeder Mensch bringt überhaupt die Fähigkeit zur Führung mit. Manche sind für Leitungsaufgaben gänzlich ungeeignet – so wie ich zum Beispiel fürs Kochen keinerlei Talent habe. Ich kann es nicht, und ich will es auch nicht lernen, weil ich merke, dass es nicht zu meinen Begabungen gehört. Wenn einer nun aber Führungsqualitäten besitzt, darf er sich nicht darauf ausruhen und sich allein auf sein Charisma, auf seine angeborene Autorität verlassen. Er muss immer weiter an sich arbeiten, muss seine Gaben und Fähigkeiten anpassen und ausbauen, entwickeln und verinnerlichen. Das meint die heilige Katharina von Siena, wenn sie sagt: «Seid, was ihr sein sollt – und ihr werdet Italien umwälzen. Lernt weiter, was ihr schon wisst. Werdet in dem, was ihr könnt und seid, immer besser.» Mit der Befähigung zur Führung verhält es sich also etwa so wie mit einer Ehe: Wenn zwei heiraten, sind sie Ehemann und

Ehefrau, aber sie haben noch nicht gelernt, was es bedeutet, Ehemann und Ehefrau zu sein, weil ihnen die Alltagserfahrung fehlt. Alles muss sich im Lauf des Lebens bewähren, muss mit der Zeit wachsen und reifen.

Welche Fähigkeiten helfen uns nun, unsere Führungsrolle immer besser auszufüllen? Drei möchte ich nennen. Die erste ist die Besonnenheit. Sie ist für mich eine Kardinaltugend, und eine sehr schwierige dazu. Die Besonnenheit ist Ausdruck der menschlichen Reife. Sie setzt eine innere Ausgeglichenheit voraus, die viele erst mit der Zeit entwickeln, die aber selten so vollkommen ausgeprägt ist, dass man nicht immer wieder um sie ringen müsste. Wenn mein inneres Gleichgewicht bedroht ist, steht mir immer eine bestimmte Madonnenstatue vor Augen, die sich in einem kleinen Ort vor den Toren Roms befindet; es ist die Madonna des Gleichgewichts, der Ausgeglichenheit, und zu ihren Ehren wird nie ein Fest begangen, aus dem einfachen Grund, weil sie ohnehin von morgens bis abends angerufen wird. Sie ist sicher eine der meistgefragten Madonnen überhaupt, und zweifellos tun wir gut daran, uns in ihre Obhut zu begeben. Mit anderen Worten: Besonnenheit und Ausgeglichenheit, beide sind jede Anstrengung wert, schon deshalb, weil man als Führungskraft niemals improvisieren, niemals etwas überstürzen darf. Ungestüm und Hast machen die besten Absichten zunichte, und wer sich von seiner Erregbarkeit mitreißen lässt, kann unübersehbaren Schaden anrichten. Auch unter dem größten äußeren Druck dürfen wir nicht heftig werden, und sollten wir wirklich einmal unsere Selbstkontrolle verloren haben, dann müssen wir den Mut haben, wieder von vorn anzufangen und auch um Verzeihung zu bitten. Im Übrigen kommt es unserer Besonnenheit sehr zugute, wenn wir uns beizeiten angewöhnen, keine absoluten Urteile zu fällen und nicht um jeden Preis und endgültig recht haben zu wollen.

Die zweite Gabe, die eine Führungspersönlichkeit auszeichnet, ist die Geduld. Als Kinder dieser Gesellschaft haben wir die Angewohnheit, immer in Eile zu sein. Immer stärker neigen wir dazu, sofort Ergebnisse sehen zu wollen, und wechseln kopflos die Programme und Methoden, wenn der erhoffte Erfolg sich nicht unverzüglich einstellt. Aber ein hektischer Vorgesetzter kann nicht führen. Er muss einsehen, dass alles seine Zeit braucht und Ergebnisse sich nur in dem Maße einstellen, in dem der Mensch wächst und reift. Wahrscheinlich müsste er lernen, erst einmal mit sich selbst Geduld zu haben, bevor er andere in Ruhe lassen kann. Was nicht heißen soll, dass man es sich bequem machen darf. Es hat uns schon zu interessieren, wie die anderen zurechtkommen. Geduld bedeutet niemals, die uns Anbefohlenen sich selbst zu überlassen – schließlich gehört es zu den wichtigsten Aufgaben von Führenden, Sorge für den Zusammenhalt einer Gemeinschaft zu tragen, weil sich die Konflikte sonst häufen. Und dann brauchen wir auch deshalb Geduld, weil wir als Vorgesetzte und Erzieher Experten im Zuhören sein müssen. Viele sind ganz Mund, wenige ganz Ohr, aber das rechte Wort ist stets die Frucht genauen Zuhörens. Ich selbst zum Beispiel muss mir immer wieder bewusst machen, dass sich hinter vielen der Dokumente, die ich tagtäglich bearbeite, Menschen mit ihrem Schmerz und ihrer persönlichen Tragik verbergen, damit ich in jede Akte hineinhorche und die Stimmen dieser Menschen vernehme.

Und die dritte Gabe ist der Mut. Wehe, wenn eine Führungskraft keinen Mut besitzt! Machen wir uns klar, dass Führungskultur ganz wesentlich auf Mut beruht, schon weil wir als Vorgesetzte und Erzieher immer wieder deutlich machen müssen, was in Ordnung ist und was nicht, um gegebenenfalls einen Kurswechsel vorzunehmen. Oft tarnt sich der Mangel an Mut als Toleranz oder Gelassenheit; in Wirklichkeit will man nur seine Ruhe haben und traut sich nicht, Irrtümer zu korrigieren und Missstände zur Sprache zu bringen. Leben wir aber auch vor, was wir von anderen verlangen! Und bringen wir den Mut zur Selbstkritik auf. Niemand ist fehlerlos, und von niemandem wird erwartet, dass er fehlerlos ist. Aber jeder muss wissen, dass er sich mit seinen Fehlern nicht abfinden darf. Die Gründerin meines Instituts, Maria Domenica Mazzarello, hat es so ausgedrückt: «Ihr braucht nicht perfekt zu sein. Aber ihr sollt auch nicht Frieden mit euren Fehlern schließen.»

Natürlich braucht ein Führender Mut, um Konflikte zu lösen. Er ist für den Frieden in der Gemeinschaft verantwortlich und muss deshalb Streit zu schlichten wissen und eingreifen, bevor sich kleine Reibereien womöglich zu einem endlosen Krieg aller gegen alle ausweiten. Aber es gehört auch Mut zu der Einsicht, dass wir nicht jeden Konflikt aus der Welt schaffen können – und das auch gar nicht immer versuchen sollten! Denn Führungskunst besteht nicht zuletzt darin, anderen zu zeigen, wie man mit Konflikten lebt und wie man aus ihnen lernt. Konflikte gehören zum Leben, und Versöhnung darf nicht unbedingt der erste Gedanke sein, sobald wir einen Zornausbruch erleben. Sicherlich, wir dürfen uns nicht mit Fehlentwicklungen abfinden, die den Kern des Unfriedens in sich tragen, doch wenn ich keine Spannungen zulasse, keine Herausforderungen annehme und vor allem, was wehtun könnte, davonlaufe, dann wachse ich nicht, dann mache ich als Mensch keine Fortschritte. Wie viel habe ich selbst aus Konflikten mit einer Mitschwester, einem Mitbruder gelernt, wie oft habe ich von der schmerzlichen Erfahrung profitiert, dass jemand mir die Wahrheit ins Gesicht gesagt hat! Machen wir es uns also mit der Konfliktlösung nicht zu leicht. Übersehen wir nicht aus Feigheit, was falsch läuft, aber ignorieren wir auch nicht aus Scheu vor Auseinandersetzungen, was unserer Bereicherung dienen könnte.

Diese Prinzipien guter Führung muss man natürlich mit Leben füllen, man muss sie verkörpern. Und jetzt kommt der Charakter ins Spiel, das Temperament, aber auch die Bildung, die einer genossen hat. Ich glaube, dass mein eigener Charakter mir die Bewältigung meiner Aufgabe erleichtert, bei der es, wie gesagt, nicht um technische Prozeduren, sondern meist um menschliche Schicksale geht. Es fällt mir nämlich leicht, mit anderen in Kontakt zu kommen, ich bin ziemlich gesellig, und vor allem: Ich bin nicht leicht gekränkt. Ich überhöre Beleidigungen oder vergesse sie sofort. Dies alles ist nicht mein Verdienst. Ich komme nämlich aus dem Norden Italiens, aus der Lombardei, und wir Lombarden sind einerseits von ungestümem Temperament, beruhigen uns aber auch genauso schnell wieder, wie wir uns erregen. Hier kommt mir also meine Herkunft zustatten. Und sollte ich es tatsächlich einmal nicht über mich bringen, jemandem eine Kränkung zu verzeihen, dann gehe ich auf die Knie und bete.

Wieder anderes kann man lernen. Ich zum Beispiel verdanke vieles der sehr intensiven kulturellen Bildung, die ich genossen habe, die einige meiner Gaben verfeinert und vertieft hat, und auch meiner langjährigen Lehrerfahrung. Auf Synoden habe ich es wiederholt erlebt, dass mir ein ausländischer Bischof sagte: «Schwester, wenn Sie sprechen, verstehe ich alles.» Nun, ich habe viele Jahre unterrichtet, da gewöhnt man sich an einen logischen Aufbau seiner Darstellungen, und man berücksichtigt, dass auch der Zuhörer einen roten Faden braucht.

Ich möchte aber zum Schluss dieses Kapitels auf zwei wirklich eindrucksvolle Vorbilder für gute Führung verweisen: den derzeitigen Papst Benedikt XVI. und seinen Vorgänger, Papst Johannes Paul II. Letzterer war zweifellos der Papst der Verbundenheit mit den Menschen, der Nähe und der Verständigung über alle Grenzen hinweg, der Papst der Hoffnung und der Leidenschaft. Vor allem junge Leute haben ihn als Verbündeten und Weggefährten empfunden, weil er wirklich ein offenes Ohr für sie hatte, weil er sie mit einer Begeisterung anstecken konnte, die größer als alle Schwierigkeiten war, und weil er gleichzeitig provozieren, fordern und Ansprüche stellen konnte. Bei Papst Benedikt hingegen war man anfangs skeptisch. Da haben wir uns gefragt: Wie will er in die Fußspuren seines Vorgängers treten? Wie soll es ihm bei seiner Schüchternheit gelingen, die Herzen der Menschen zu erobern?

Doch dann zeigte sich, dass Benedikt XVI. mit sparsamen Mitteln dasselbe wie Johannes Paul II. erreicht. Vom Fenster meiner Arbeitsstelle aus überblicke ich den Petersplatz, und ich erlebe, dass dieser Platz sich beim sonntäglichen Angelus wie nie zuvor mit Menschen füllt. Diese Gestalt, die früher so starr und distanziert wirkte, hat sich als zugänglicher, schlichter Mensch entpuppt. Für mich ist Benedikt heute der Papst der Klarheit, der Wahrheitsliebe, des Maßes und des Ausgleichs, und ich glaube, dass sich die beiden, der letzte und der heutige Papst, wunderbar ergänzen. Benedikt verleiht den großen Visionen von Johannes Paul Tiefe und Gehalt – und erfüllt damit jene Erwartung, die man an einen Führer in allererster Linie stellen muss: Er gibt denen, die er führt, eine klare Orientierung.

■ 07 ■ MAN HÖRT SAGEN, DASS ...
Wie man Krisen bewältigt und Konfrontationen entschärft

Abtprimas Notker Wolf

«Wie in allen großen Unternehmen gibt es auch bei uns verschiedene Machtzentren, und zwischen diesen Machtzentren werden gerade die vielversprechenden Leute verheizt. Wenn also Machtzentrum A eine bestimmte Person protegiert, unternimmt Machtzentrum B alles, um sie zu demontieren. Dass sich beide Zentren fragen würden: ‹Ist dieser Mann, ist diese Frau für diesen Job geeignet?›, das kommt so gut wie nie vor. Es geht ausschließlich darum: Zu welchem Dunstkreis gehörst du, zu wessen Bataillonen? Und dann kommt es nur noch darauf an, welches Bataillon das stärkere ist. Leistung ist Nebensache.»

So schilderte mir jemand aus dem mittleren Management die Machtkämpfe in seiner Firma. Ähnlich klingt es, wenn die Sprache auf Spannungen hinter den Kulissen eines Konzerns kommt, wenn etwa der ehemalige Daimler-Benz-Chef Edzard Reuter in seinen Memoiren beschreibt, wie viel Energie in diesem Unternehmen durch Machtgerangel und Grabenkämpfe vergeudet wurde. Nicht von ungefähr bedienen sich Manager oft eines Vokabulars, das der Sprache des Militärs entlehnt ist. Da wird geschossen und zurückgeschossen, wobei die martialische Terminologie nur verschleiert, dass der Schauplatz solchen Gemetzels einzig ein Jahrmarkt der Eitelkeiten ist, mit dem manche Leute in Führungspositionen ihre Unternehmen verwechseln. «Wir sprechen daher auch nicht mehr von Führungspersönlichkeiten», ergänzte der Mann, von dem das Eingangszitat stammt, «sondern von Führungskräften. Kraft zählt, Persönlichkeit nicht.» Mag sein, dass es vielerorts nicht ganz so dramatisch zugeht – unbestreitbar ist immerhin: Wo es um Geld, Prestige und Einfluss geht, da herrscht Günstlingswirtschaft, da spielen sich Intrigen ab, da erlebt man Eifersucht und Niedertracht, und mein erster Rat ist deshalb: sich wohl oder übel damit abzufinden, dass nicht jeder Kollege oder Mitarbeiter uneigennützige Ziele verfolgt.

Vielen, vor allem jüngeren Leuten, fällt dieser Realismus schwer. Die harmonische Welt derjenigen, die nirgendwo Böswilligkeit zu erkennen vermögen, ist eine der gehätschelten Illusionen unserer Zeit. Die Kehrseite dieses Wunschbildes ist jedoch, dass Störenfriede als ideologische Gegner oder Menschheitsfeinde verteufelt werden müssen, sodass für den Frieden nichts gewonnen ist. Deshalb ist für mich ein weiterer Grundsatz kluger Menschenführung: Spannungen müssen ausgehalten und Konflikte ausgetragen werden, damit Probleme untereinander nicht gleich zum Bruch oder zum Zusammenbruch führen. Anders gesagt: Machtkämpfe müssen vermieden – oder durchgestanden werden. Wer kneift, büßt seine Autorität ein. Alle, die ein gutes Gespür haben, bekommen sofort mit, ob einer vor Konfrontationen zurückschreckt, und werden ihn womöglich als Opfer vormerken. Deshalb: Wenn uns Machtkämpfe aufgezwungen werden, nicht klein beigeben. Aber sich auch niemals auf das Niveau von Menschen begeben, die solche Konflikte verdeckt austragen! Es geht auch anders. Ich habe gute Erfahrungen damit gemacht, Machtkämpfe zu unterlaufen und das Spiel eines Kontrahenten durch entwaffnende Offenheit zu durchkreuzen.

Intriganten geben am ehesten auf, wenn sie merken, dass alle ihre Tricks durchschaut werden. Und das sollte man sie wissen lassen, in einem offenen Gespräch unter vier Augen. Wenn also jemand versucht, Sie hereinzulegen oder ins offene Messer laufen zu lassen – suchen Sie das Gespräch mit ihm, machen Sie ihm klar, dass aus dem Vorteil, den er für sich erhofft hat, nichts wird, sagen Sie: «So kommen wir beide nicht weiter, so schaden Sie nicht nur mir, so schaden Sie auch sich selbst.» Ehrlich währt am längsten, auch in solchen Fällen, davon bin ich überzeugt. Zugegeben, das Gespräch mit einem Hinterhältigen wird unangenehm. Aber man spielt dabei den Trumpf desjenigen aus, der keine schmutzigen Methoden nötig hat, ist also in der Position des Stärkeren. Und überdies untermauert man so die eigene Glaubwürdigkeit, die gerade in Konfliktsituationen ein unschätzbar hohes Gut ist.

Grundsätzlich ist es so, dass jeder Machtkampf einen Verrat am Unternehmensziel darstellt, weshalb man solche Auseinandersetzungen baldmöglichst mit einem fairen Kooperationsangebot beenden sollte. Doch wenn man selbst in heiklen Lagen nichts als die eigene Aufrichtigkeit anbieten kann, wird man oft auch aus verfahrenen Situationen noch einen Ausweg finden. Ich habe es jedenfalls in den brisantesten Fällen mit Aufrichtigkeit versucht und schließlich auch Erfolg damit gehabt.

Um nur ein Beispiel für viele zu nennen: Immer mal wieder passiert es, dass sich der Abt und sein Konvent entzweien. Ich denke da an einen sehr fähigen Abt, der nur den einen Fehler hatte, alle anderen für unfähig zu halten. Mit seinen Alleingängen verscherzte er sich die Solidarität seiner Mitbrüder, und irgendwann wurde der Vorwurf finanzieller Unregelmäßigkeiten gegen ihn laut. Ich ging diesen Vorwürfen nach, aber es war nichts dran; dennoch verstand ich den Unmut seiner Mönche: Es fehlte diesem Mann einfach an Klugheit. Er war zu selbstsicher, er hielt sich selbst für die Abtei. Ich habe ihn dann aufgesucht, habe mit ihm unter vier Augen geredet, habe ihm den Rücktritt nahegelegt, habe ihm gesagt: «Vielleicht hast du recht. Vielleicht treffen einige Anklagen gegen dich tatsächlich nicht zu. Aber die Sache ist so verfahren, dass die Frage, wer recht hat, nun keine entscheidende Rolle mehr spielt. Es ist ohnehin nichts mehr zu kitten. In diesem Stadium gibt es kein Zurück mehr …»

Es war eine quälende Pflicht. Wenn man mit jemandem vertraut ist, fällt es sehr viel schwerer, ihm unangenehme Wahrheiten zu sagen, als wenn man ein distanziertes Verhältnis zu ihm hat, und wir kannten uns gut. Schließlich, nach langen Gesprächen, ist er dann doch zurückgetreten, schweren Herzens – aber vielleicht um die eine oder andere Einsicht klüger.

Ehrlich währt am längsten. Es mag manchen verwundern, dass diese Weisheit auch im Manageralltag gelten soll. Auch ich habe erst mit der Zeit gelernt, den anderen stets das zu sagen, was ich denke – nicht brutal, sondern auf schonende Weise, aber grundsätzlich und immer. Ich halte also nichts davon, herumzudrucksen und sich in vagen Andeutungen zu ergehen, in der Hoffnung, der andere werde schon selbst darauf kommen. Ich erweise ihm keinen Gefallen damit, dass ich ihn «gnädig» im Zweifel lasse, und ich erweise mir keinen Dienst damit, ihn hinters Licht zu führen. Glaubwürdigkeit ist letztlich immer das überzeugendste Argument, und es wird weltweit verstanden. So habe ich mich auch in den jahrelangen Verhandlungen, die dem Bau unseres ersten Krankenhauses in China vorausgingen, strikt an die Regel gehalten, meine Karten offen auf den Tisch zu legen und so zu argumentieren, dass meine Gründe stets nachvollziehbar sind. Damals, in den neunziger Jahren, hat außer mir kaum jemand an den Erfolg dieser Verhandlungen geglaubt – immerhin wollten wir diese Klinik als Joint Venture aufziehen, also mit benediktinischer Beteiligung sowohl am Bau wie am Management, was bei den Chinesen auf erheblichen Widerstand stieß. Und dennoch gibt es heute dieses Hospital; es hat im Jahr 2001 seinen Betrieb aufgenommen und steht tatsächlich unter einer gemischten, aus Chinesen und Benediktinerinnen zusammengesetzten Leitung. Ein Erfolg, der sich niemals eingestellt hätte, wären meine chinesischen Verhandlungspartner nicht von der Lauterkeit meiner Absichten felsenfest überzeugt gewesen.

Allerdings – ich muss einräumen, dass ich mir Ausnahmesituationen vorstellen kann. Die Frage erscheint mir durchaus berechtigt, ob man sich auch im öffentlichen Klima von Sitzungen und Konferenzen zur selben Ehrlichkeit verpflichtet fühlen sollte wie im kleinen Kreis von Verhandlungspartnern oder direkten Mitarbeitern.

Es stimmt: Jede hausinterne Konferenz kann auf eine Mutprobe hinauslaufen. Wer zweimal an einem Vormittag Widerspruch einlegt, ist aktenkundig. Sagt man jetzt trotzdem offen, was man denkt? Und wie oft kann man sich diesen Freimut leisten, ohne seine Karriere aufs Spiel zu setzen? Oder hält man sich besser zurück, solange nicht wenigstens noch ein weiterer Kollege am selben Strick zieht? Für viele Angehörige des mittleren Managements ist das ein Dauerproblem, aber auch in den Vorständen und Kabinetten geht es nicht anders zu – wer durch Widerspruch auffällt, gilt als unzuverlässig und riskiert, auf die Abschussliste gesetzt zu werden. Ich kann deshalb niemandem raten, sich zum Märtyrer zu machen, finde aber, dass es um jedes Unternehmen schlecht bestellt ist, das seinen Mitarbeitern eine heroische Zivilcourage abverlangt, sobald sich eine Kontroverse anbahnt. In welchem Maße auch unangenehme Dinge öffentlich ausgesprochen werden dürfen, das ist für mich der beste Maßstab für ein humanes Arbeitsklima, das entscheidende Indiz für jenen angstfreien Raum, von dem im 3. Kapitel schon die Rede war. Und der lässt sich nicht dadurch herstellen, dass man die Mindeststandards menschlichen Umgangs per Verordnung festlegt und Humanität nach Vorschrift praktiziert. Der setzt die Führungsstärke von Menschen voraus, die ihre Verteidigungs- und Angriffsreflexe unter Kontrolle haben.

Wir sind von Natur aus alle so ausgestattet, dass in kritischen Situationen die Alarmglocken schrillen, bevor der Verstand einsetzt. Und da ist es dann ganz gleichgültig, wie geringfügig der Anlass ist, ob man zum Beispiel bloß verärgert darüber ist, nicht selbst im richtigen Augenblick den entscheidenden Lösungsvorschlag gemacht zu haben – schon kommt man sich wie ein Versager vor, schon stellt sich mit der Unsicherheit ein unterschwelliges Angstgefühl ein und schon schaltet unser urtümlicher Überlebensinstinkt auf Gegenangriff oder Verteidigung. Reflexartig, im Bruchteil von Sekunden. Ich kenne das: Auch bei uns fühlt sich so mancher Obere schnell angegriffen, bedrängt oder in die Enge getrieben, und auch mir ist die Empfindung der Unruhe, des Unmuts keineswegs fremd, wenn von unvermuteter Seite Widerstand auftaucht. Es ist dabei bei den meisten Menschen ein ganzes Knäuel aus Eitelkeiten, Ambitionen, Ängsten und persönlichen Animositäten im Spiel, und wenn wir aus unserer Selbstsicherheit aufgeschreckt werden, gibt es nur zwei natürliche Reaktionen: Dampf ablassen oder in Deckung gehen, also zwischen Schmollecke und Bunker wählen.

Wer sich für den Bunker entscheidet, der verschließt sich gegen seine Mitarbeiter und Kollegen, der schottet sich womöglich ab und versucht gewissermaßen, gegen den Rest der Welt zu regieren. Das führt unweigerlich zu verhärteten Fronten. Ich erinnere mich an einen solchen Fall in einer unserer Abteien. Dort hatte der Abt den Fehler gemacht, im Alleingang vorzupreschen und Kritik mit selbstherrlicher Sturheit zu beantworten. Die Gemeinschaft wollte ihn daraufhin einer stärkeren Kontrolle unterwerfen und votierte bei jeder Wahl gegen den erklärten Willen des Abtes für Kandidaten, die ihm Paroli bieten sollten. So wurde der Abt kaltgestellt. So wurde aber auch die Abtei als Ganze kaltgestellt. Es ging nicht mehr vor und nicht mehr zurück, was eine unendliche Frustration auf beiden Seiten erzeugte. In der Schmollecke wiederum sehe ich Vorgesetzte, die sich bei Konflikten auf Formalitäten zurückziehen. Die autoritär werden, auf ihre Befugnisse und Zuständigkeiten pochen, Loyalität und Gehorsam einfordern und womöglich Treueschwüre und Unterwerfungsgelübde verlangen. In die Enge getrieben, richten sie einen Schutzbezirk, einen Cordon sanitaire um ihre Person ein, in den niemand eindringen darf, weil ihnen, nachdem sie ihrer Verletzlichkeit innegeworden sind, niemand mehr zu nahe treten darf. Auch das nützt nichts. Sobald man sich hinter seinen Ermächtigungen verschanzt, ist man verloren. Die nackte Amtsautorität ist zwar notwendig, um ein Minimum an Funktionsfähigkeit zu gewährleisten, hat aber für jemanden, der sich als letztes Mittel auf sie beruft, denselben Nachteil wie des Kaisers neue Kleider.

In Krisen- und Konfliktsituationen gibt es daher nur eine Lösung: Wir müssen unsere natürlichen Reflexe kontrollieren. Das heißt: Die eigene Verletztheit darf für uns überhaupt keine Rolle mehr spielen. Hier kommen wir wieder auf das Kernproblem zurück, das uns schon im 2. Kapitel beschäftigt hat, nämlich die Angst um sich selbst, jene Angst, die uns zu irrationalen Selbstbehauptungsstrategien greifen lässt, uns blind für die Erfordernisse des Augenblicks macht und ungeeignet zur Menschenführung. Wie lässt sich diese Angst überwinden? Wenn wir nicht die Scheinlösungen der Macht vorziehen, die uns aus der Abhängigkeit von anderen befreit, indem sie uns gegen deren Gefühle und Bedürfnisse unempfindlich werden lässt, dann bleibt nur die echte Lösung einer inneren Umkehr, die uns aus der Abhängigkeit von uns selbst befreit, indem sie uns hellhörig, scharfsichtig und feinfühlig für die Reaktionen der anderen und die Anforderungen unserer Aufgabe macht. Dieser Weg der Umkehr und Abkehr von sich selbst ist, denke ich, gemeint, wenn Schwester Rosanna vom Künstlertum eines Führenden spricht: die fortwährende Einübung in die Distanz zu sich selbst und die Nähe zum anderen. Das Ziel am Ende dieses langen Wegs wäre die Versöhnung mit sich selbst, und das Ergebnis wird Souveränität heißen.

Was ist damit gemeint? Ich würde Souveränität als Größe definieren, die als Bescheidenheit auftritt. Als Festigkeit, die sich als Einfühlungsvermögen und Verständnis äußert. Und als die innere Freiheit, eigene Belange zurückzustellen und der Sache zu dienen. Souveränität ist genau genommen der Zentralbegriff dieses Buches und im Grunde der jeder Führungskunst, die nicht den Weg der Macht propagiert. Souveränität erlaubt uns, in allen Situationen angemessen zu reagieren, in denen kontrolliertes Handeln gefragt ist; sie hilft uns vor allem, Konflikte sauber auszutragen und derart zu lösen, dass kein übler Nachgeschmack zurückbleibt. Einige solche Situationen möchte ich jetzt kurz beleuchten.

Grundsätzlich ist es so, dass die Autorität eines souveränen Vorgesetzten allein schon ausreicht, um Konflikte zu verhindern oder im Keim zu ersticken, denn Autorität beruhigt, und die Präsenz eines starken Charakters glättet die Wogen, bevor sich überhaupt etwas zusammenbrauen kann. Mit einer Gemeinschaft, einem Team verhält es sich letztlich nicht anders als mit einem Kind, das sich schnell wieder beruhigt, sobald es die Anwesenheit der Mutter im Haus spürt. Es braucht sie gar nicht zu sehen. Die Präsenz einer Autorität vermittelt immer Geborgenheit – ich bemerke das auch in unseren Klöstern: Ist der Abt anwesend, kehrt automatisch größere Ruhe ein.

Motzen, Stänkern, Tuscheln, Nörgeln und Gerüchte streuen, das allerdings wird sich nie abstellen lassen. Auf Dauer ist es gemeinschaftsschädigend; Benedikt war daher geradezu allergisch gegen das, was er als Murren bezeichnete. Vorgesetzte haben zwei Möglichkeiten, damit umzugehen. Entweder sie überhören es, wenn es sich nämlich um eine momentane Aufwallung von Unmut handelt, um ein Tagesgeschwätz, das sich umso schneller wieder legt, je weniger Aufhebens man davon macht. Oder sie greifen es auf, sobald es ihnen zu Ohren kommt. Mag ja sein, dass die üblichen Kommunikationswege verstopft waren, dass sich die Leute durchaus berechtigte Fragen stellen – verdenken darf man ihnen nur, dass sie sich nicht an diejenigen wenden, die umgehend für Aufklärung sorgen könnten, sondern lieber die wildesten Vermutungen anstellen, Verdacht schöpfen und Unrat wittern. Ich knöpfe mir die heimlichen Murrer immer bei nächster Gelegenheit vor mit den Worten: «Man hört sagen, dass ...» – und schon ist man beim Thema, ohne dass sich jemand angegriffen fühlen muss.

Mit besonderer Aufmerksamkeit sollte man das Entstehen von Misstrauen verfolgen. Es ist häufig schwer zu orten, man muss ein Gespür dafür entwickeln, wo es gerade aufkeimt. Hat man es geortet, sollte man nicht zögern, es aufs Korn zu nehmen, denn Misstrauen muss aus der Welt geschafft werden, bevor es sich zu handfester Opposition verdichtet, bevor es eine Führungskrise auslösen kann. Wobei es nicht immer leicht ist, freischwebendes Misstrauen geschickt zu artikulieren und nüchtern genug zur Sprache zu bringen, dass niemand den Vorstoß als Angriff missverstehen kann. Ich versuche es mit Eröffnungssätzen wie: «Mein Eindruck ist, dass nicht alle einverstanden sind ...» oder: «Die Sache scheint noch nicht ausgereift zu sein.» Es könnte ja immerhin sein, dass selbst nach längerer Debatte ein ungeklärter Rest geblieben ist, dass vielleicht noch Animositäten schwelen, die zunächst ausgeräumt werden müssen, dass die Zeit für eine Entscheidung tatsächlich bislang nicht reif ist. Und je eher ein Vorgesetzter bereit ist, sachliche Ursachen für ein vorhandenes Misstrauen in Betracht zu ziehen, desto weniger steht er in der Gefahr, dieses auf die eigene Person zu beziehen. Er erspart sich so unnötige Irritationen.

Natürlich muss man als Vorgesetzter immer abwägen, ob es ratsam ist, einzugreifen, oder klüger, ein Auge zuzudrücken. Man soll sich dabei aber nicht von seiner Bequemlichkeit oder gar von seiner Feigheit leiten lassen. Es ist einfach, die Dinge schleifen zu lassen, und es ist feige, seinen Mitarbeitern das Computerspiel am Arbeitsplatz während der Dienstzeit durchgehen zu lassen – mit einem humanen Klima hat beides nichts zu tun. Die Menschlichkeit des Arbeitsalltags hängt genauso wie die Autorität des Vorgesetzten davon ab, dass die Regeln nicht nach Belieben infrage gestellt werden dürfen. Zum Gespür dafür, wann Großzügigkeit, wann Unnachgiebigkeit angebracht ist, muss also der Mut kommen, deutlich auszusprechen, was sich einstweilen vielleicht nur als Stimmung oder Verstimmung abzeichnet. Hat nun jemand tatsächlich versagt, muss zum Mut die Selbstbeherrschung hinzukommen. Der größte Fehler wäre jetzt, zum Rundumschlag auszuholen und die Gelegenheit zur Generalabrechnung mit dem oder den Schuldigen zu nutzen. Oberste Regel ist in diesem Fall, zum entstandenen Schaden für das Unternehmen nicht auch noch menschlichen anzurichten. Auf eben diese Rücksicht kommt es auch dem heiligen Benedikt so sehr an, dass er sie dem Abt wiederholt ans Herz legt, etwa im 64. Kapitel seiner Regel, in dem es heißt: «Er wisse, dass er mehr helfen als herrschen soll … Damit wollen wir nicht sagen, er dürfe Fehler wuchern lassen, vielmehr schneide er sie klug und liebevoll weg, wie es seiner Ansicht nach jedem weiterhilft.»

Man hüte sich also davor, den Schuldigen moralisch fertigzumachen – das steht einem Vorgesetzten ohnehin niemals zu. Man hüte sich aber auch davor, die Vorgeschichte eines Fehlers aufzuwühlen und eine Katastrophe bis zu ihren Anfängen zurückverfolgen zu wollen. Grundsätzlich gilt: Die Vergangenheit zählt im Augenblick der Krisenbewältigung nicht. Allein die Ausgangslage interessiert, der eingetretene Zustand, so ärgerlich er sein mag. Es ist passiert. Jetzt heißt es, die Tatsachen anzuerkennen, von den Fakten auszugehen und kein Lamento anzustimmen nach der Melodie: «Ja, wenn dies oder jenes nicht eingetreten wäre …» – «Kalter Kaffee», sage ich dann, «Schnee von gestern. Klagen hilft nicht. Jetzt geht es nur noch darum, den Ausweg aus dem Schlamassel zu finden.» Kurzum: Es gehört eine große Portion Nüchternheit und Selbstbeherrschung dazu, sich in Krisen nicht mit Schuldzuweisungen oder Ursachenforschung aufzuhalten, sondern stur die Sache im Auge zu behalten. Aber so viel Disziplin zahlt sich aus. Jemandem aus dem oberen Management einer Bank verdanke ich ein eindrucksvolles Beispiel dafür. «Ich habe oft erlebt», sagte er, «dass sich ein Filialleiter einen kapitalen Fehler zuschulden kommen ließ oder ein Kredit verloren war. Ich habe dann den Schuldigen jeweils zu mir bestellt, und wir haben gemeinsam alle Möglichkeiten durchgespielt, um herauszuholen, was noch herauszuholen war. Natürlich hätte ich den Mann mit Vorwürfen überhäufen können. Ich hätte ihn verbrennen und beerdigen können. Aber was hätte das genützt? Wenn man das Beste aus einer üblen Geschichte machen will, braucht man jemanden, der klar denken kann, und Eingeschüchterte können nicht klar denken. Ich habe auf diese Weise jedenfalls nicht nur etliche berufliche Existenzen gerettet, es ist uns auch zumeist gelungen, die Dinge noch weitestgehend in Ordnung zu bringen.»

Leider lässt sich die Fürsorge für den Einzelnen und die Sorge um das große Ganze nicht in jedem Fall so harmonisch miteinander verbinden wie in diesem, und als Führender muss man immer wieder abwägen, wie weit man einem einzigen Menschen entgegenkommen kann, ohne alle anderen zu verprellen oder gegen das Firmenwohl zu verstoßen. Selbstverständlich erwartet jeder Mitarbeiter, dass man ihm gerecht wird; als Vorgesetzter muss man aber wissen, dass man unter Umständen ungerecht gegen alle Übrigen handelt, wenn man sich um vollkommene Gerechtigkeit im Einzelfall bemüht. Mir ist es oftmals so gegangen, dass ich einem Mitbruder allein deshalb etwas abschlagen musste, weil die Gemeinschaft sonst einer Zerreißprobe ausgesetzt gewesen wäre. Bei Benedikt führt die Abwägung zwischen den Interessen des Einzelnen und der Gemeinschaft übrigens zu derart subtilen Ergebnissen wie der Anweisung an seine Mönche, nach der Rückkehr von einer Reise nicht allzu ausführlich von ihren Erlebnissen zu berichten, weil das den Neid der Zurückgebliebenen schüren und den Klosterfrieden stören könnte.

Bisher haben wir gesehen, dass ein gutes Gespür für Stimmungen, dass Besonnenheit im Fall eines Missgeschicks, dass darüber hinaus auch Mut und Selbstbeherrschung wesentliche Aspekte der Souveränität darstellen. Diese Tugenden sind im Arbeitsalltag eines Vorgesetzten natürlich jederzeit gefragt; regelmäßig auf die Probe gestellt werden sie aber vor allem auf Sitzungen und bei Besprechungen, weshalb ich im Folgenden näher darauf eingehen will. Als Erstes fällt mir dazu immer eine der heikelsten Situationen ein, die ich als Erzabt von Sankt Ottilien erlebt habe, und ausgerechnet mein alter Prior war der Auslöser.

Es ging um die Renovierung unserer Abteikirche, das aufwendigste Projekt meiner Amtszeit. Nach jahrelangen Planungen war der Tag der Konventssitzung gekommen, auf der die Entscheidung fallen sollte, und meine große Sorge war, dass die Gemeinschaft auseinanderbrechen könnte, weil sich etwa dieselbe Anzahl von Mitbrüdern dafür beziehungsweise dagegen ausgesprochen hatte. Immerhin wusste ich meinen Prior auf meiner Seite. In der abschließenden Diskussion zeichnete sich zu meiner Erleichterung eine Mehrheit für die ausgearbeiteten Pläne ab, und ich wollte zur Abstimmung schreiten. Da meldete sich Prior Paulus zu Wort. «Ja», sagte er, «eigentlich habe ich mir die Renovierung auch so vorgestellt. Aber inzwischen bin ich zu der Überzeugung gelangt, dass der alte Zustand der bessere ist. Ich meine deshalb, dass wir nichts ändern sollten.» Ich fiel aus allen Wolken.

Was tun? Ich hatte mir angewöhnt, auf Einwände niemals ungehalten oder mit Kopfschütteln zu reagieren. Ich hatte gelernt, dankbar dafür zu sein, in Sitzungen immer noch direkten Widerspruch zu erfahren. Ich hatte dafür gesorgt, dass kein Gegenspieler sich die Mühe machen muss, meine Verteidigungslinien erst einmal zu durchbrechen. Ich hatte gute Erfahrungen damit gesammelt, Geschwafel zu überhören und verpuffen zu lassen. Ich hatte mir auch zur Regel gemacht, selbst den Aufgeblasensten als Menschen ernst zu nehmen und mich auch beim stursten Kontrahenten noch zu fragen: «Was ist in Wahrheit sein Problem? Welches unbefriedigte Geltungsbedürfnis äußert sich hier möglicherweise?» Und in jedem Fall durfte jeder bei mir mit einer sachlichen Antwort rechnen. Aber jetzt? Wie sollte ich darauf reagieren, dass mein Prior ein so wichtiges Projekt im letzten Augenblick mit einer lapidaren Feststellung zu Fall bringen wollte? Ich riss mich zusammen und sagte: «Pater Prior, ich respektiere Ihre Auffassung. Ich selbst bin nach all den Gesprächen der letzten Zeit anderer Meinung. Aber wenn einige jetzt finden, dass noch zu wenig diskutiert wurde, bin ich gern bereit, die Diskussion wieder ...» In diesem Moment wurde ich unterbrochen. «Auf keinen Fall!», riefen die anderen. «Pro und Contra sind längst besprochen. Jetzt wird abgestimmt!» Mir fiel ein Stein vom Herzen. Ich sah zu meinem Prior hinüber. Der räusperte sich und sagte: «Also, wenn wir wirklich renovieren wollen, dann lieber jetzt als später. Denn momentan haben wir das nötige Geld. Wer weiß, ob wir es in Zukunft auch noch haben werden.» Mir fiel der nächste Stein vom Herzen. Die Renovierung wurde beschlossen. Und mein Prior hat sie loyal mitgetragen.

Eine Wirkung souveräner Diskussionsführung ist also, dass man die anderen mit etwas Glück auf seine Seite bringt, selbst wenn sie gar nicht unbedingt die Meinung des Vorsitzenden teilen. Unsachliche oder überflüssige Einwürfe verärgern jeden, und alle beobachten den Vorsitzenden in solchen Situationen sehr genau, alle sind neugierig auf seine Reaktion, und viele gehen, wenn er die Ruhe bewahrt, stellvertretend für ihn an die Decke. Man selbst kann sich dann zurücklehnen. Entscheidend ist, dass man sich nichts anmerken lässt, denn ein Führender muss in erster Linie ausgleichend innerhalb der Gruppe wirken, er muss, um es ganz deutlich zu sagen, für eine friedliche Stimmung sorgen, darf deshalb keinen mühsam beherrschten Eindruck machen und muss insbesondere die eigene Anschauung genauso zur Diskussion stellen wie die aller anderen. So erzeugt er ein Klima der Unbefangenheit, der Ermutigung, kurz: der Kreativität. Jetzt kann man streiten und Positionen vertreten, ohne Gefahr zu laufen, sich moralisch unmöglich zu machen oder intellektuell zu blamieren. Jetzt kann man aber auch im Vertrauen darauf diskutieren, dass sich jeder lächerlich macht, der seine Feindseligkeit, seine Profilierungssucht oder seine Redseligkeit nicht zu beherrschen vermag.

Man darf bei Sitzungen davon ausgehen, dass sich viele ihrer Motive im Augenblick ihres Auftritts gar nicht bewusst sind. Selbstdarsteller lasse ich deshalb ins Leere laufen, bis sie selbst beschämt bemerken, dass sie sich vergaloppiert haben. Eine trockene, strikt auf die Sache bezogene Feststellung genügt – oft fühlen sie sich dann ertappt, und im selben Augenblick ist ihnen peinlich, dass sie ihrem Hang zur Profilierung nachgegeben haben. Leute, die nur dasitzen und gar nichts sagen, sind für mich ärgerlicher. Man weiß nicht, woran man bei ihnen ist, und fühlt sich irgendwann verunsichert. Das Klügste ist, sie zum Reden zu bringen. Ich spreche solche Leute an, fordere sie heraus – in einem interessierten, keinesfalls sarkastischen Ton –, und meist gelingt es mir, stumme Beobachter in echte Teilnehmer zu verwandeln. Am unangenehmsten sind natürlich Heckenschützen und Saboteure. Um mit solchen Leuten fertigzuwerden braucht man Menschenkenntnis und Gewieftheit, denn deren Aktionen muss man wittern, muss man vorhersehen oder im ersten Augenblick durchschauen, weshalb man selbst nicht allzu gutgläubig sein darf. Auch hier heißt dann die Strategie: den Wind aus den Segeln nehmen, ins Leere laufen lassen, für den originellen Beitrag danken oder schlicht und einfach beipflichten. Solche

Leute rechnen damit, auf erbitterten Widerstand zu stoßen oder wenigstens Verwirrung zu stiften, und sind entwaffnet, wenn sie stattdessen auf Entgegenkommen oder Verständnis treffen. Genau das tun, womit ein Gegenspieler zuallerletzt gerechnet hätte – diese Taktik habe ich schon während meiner Schulzeit mit Erfolg praktiziert. Die ganze Klasse hatte sich damals darauf verständigt, Zurechtweisungen unserer Lehrer nicht mit Rechtfertigungsversuchen, sondern mit freudiger Zustimmung zu kontern. Aufgebrachte Lehrer bekamen von uns also regelmäßig zu hören: «Tut mir leid, aber Sie haben recht.» Das hatte einen ähnlichen Effekt wie ein Messerstich in einen Autoreifen – und war natürlich eine besonders gemeine Art, Lehrer fertigzumachen …

Im Übrigen habe ich gute Erfahrungen damit gemacht, bei großen Sitzungen einen Moderator einzusetzen. Eine einfache Maßnahme, aber effizient. Auch ich rede gelegentlich zu viel, wenn ich mich engagiere, und bin dann dankbar dafür, von einem Moderator gebremst zu werden. Der Selbstkontrolle dienlich ist auch eine andere, ganz simple Methode: Von Julius Cäsar heißt es, er habe sich zur Regel gemacht, vor jeder Reaktion bis zwanzig zu zählen. Bei dem Tempo, das wir im heutigen Arbeitsleben vorlegen, werden wir wahrscheinlich nie bis zwanzig kommen, grundsätzlich aber ist eine bewusste Reaktionsverzögerung in kritischen Augenblicken das beste Mittel, um kopflose, unüberlegte oder reflexhafte Reaktionen zu vermeiden. Man sollte das trainieren. Viele werden dann feststellen, dass eine solche bewusste Reaktionsverzögerung gar nicht so leicht fällt – versuchen Sie nur einmal, vor jeder Antwort drei Sekunden verstreichen zu lassen. Schon die können einem wie eine halbe Ewigkeit erscheinen …

Abschließend ein persönliches Bekenntnis: Ich kann mir unter einem souveränen Führer kaum einen humorlosen Menschen vorstellen. Ich halte den Humor für ein sicheres Indiz dafür, dass man den nötigen Abstand zu sich selbst gewonnen hat, und kann daher nur jenem Abt beipflichten, der mir vor Jahren sagte: «Wenn bei uns einer ins Kloster eintreten will, dann achte ich vor allem darauf, ob er Humor hat. Den Glauben kann ich ihm zur Not noch beibringen, den Humor nicht.» Unbestreitbar ist, dass humorvolle Menschen die entspannteren und darum besseren Vorgesetzten sind und auf jeden Fall im Vorteil, wenn es darum geht, anderen den Wind aus den Segeln zu nehmen. Ich denke da gern an mein Erlebnis mit einem Mönch der alten Schule in Rom zurück. Es war zu der Zeit, als ich in Sant'Anselmo unterrichtete. Jener Mitbruder, sehr fromm, etwas verschlagen und dabei ziemlich unterwürfig, hatte durch seine Unachtsamkeit den Diebstahl meines Fiat 127 verschuldet. Ich hatte ihm deutlich meine Meinung gesagt, und nun saß ich am Abend gegen zehn Uhr lesend auf meinem Zimmer, wegen der römischen Hitze ausgesprochen leger gekleidet. Plötzlich klopfte es. Ein Student vielleicht, überlegte ich, und sagte: «Herein!» Die Tür ging auf, und mein alter, frommer Mitbruder stand im Zimmer, machte ein zerknirschtes Gesicht, warf sich vor mir auf den Boden und erbat meinen Segen. Gut, ich gab ihm den Segen und schloss den Fall für mich ab. Am nächsten und am übernächsten Abend jedoch wiederholte sich die Szene. Und als er am vierten Abend schon wieder vor mir lag, reichte es mir. «So, mein lieber Mitbruder», sagte ich, «jetzt erhalten Sie eine Strafe. Verziehen ist Ihnen längst. Aber ich verbiete Ihnen, mich jemals wieder nach der Komplet in meinem heiligen Silentium zu stören. Gute Nacht!» Von Stund an war der Spuk vorbei.

▪08▪ SELIG, WER EIN SANDKORN VON EINEM BERG UNTERSCHEIDEN KANN
Vom Loben, Kritisieren und Motivieren

Abtprimas Notker Wolf

Es geschah auf einer Südamerikareise. In einem der Klöster bat mich der Rektor unserer Schule am Abend eines anstrengenden Tages, das frisch renovierte Unterrichtsgebäude noch zu besichtigen. Aber ich wollte nicht. Mir reichte es. Ich sagte: «Bitte, verschon mich. Wenn du wüsstest, wie viele Schulen ich auf meinen Reisen schon gesehen habe... Ich bin sicher, du hast es gut gemacht.» Und rechnete mit seinem Verständnis, wir waren ja alte Freunde. Bei späteren Begegnungen habe ich dann gemerkt, dass irgendetwas nicht stimmte. Er war weiterhin freundlich, aber anders als sonst. Drei Jahre lang wich er meinen Fragen aus, dann rückte er doch mit der Sprache heraus. Ich hatte ihn in seinem Stolz verletzt. Das renovierte Schulgebäude war für ihn kein Statussymbol gewesen, sondern ein Neuanfang, den er aus eigener Kraft bewerkstelligt hatte, und ich war nicht bereit gewesen, das zu würdigen. Ich hatte einen Fehler gemacht.

Wenn einer sich abgemüht hat, braucht er Bestätigung. Jeder benötigt sie, der beste Freund wie der arroganteste Typ. Ich hätte das wissen müssen. Ich erinnere mich nur zu gut, wie ermutigend ich selbst den Zuspruch meines alten Priors zu Beginn meiner Amtszeit als Erzabt empfunden habe. Vor meiner ersten Afrikareise hieß es im Konvent: «Der neue Abt reist zu viel.» Da nahm mich Prior Paulus zur Seite und sagte: «Fahren Sie ruhig. Die Leute dort wollen Sie kennenlernen.» Das tat gut. Und als ein Mitbruder nach meiner Wahl meine Befähigung in Zweifel zog, entgegnete Prior Paulus nur: «Die Wahl war rechtmäßig, und damit ist Notker Wolf unser Abt. Sonst ist alles Reden vom Heiligen Geist bloß Geschwätz.» Auch als Führungsperson ist man darauf angewiesen, dass einer einem den Rücken stärkt – wie viel mehr als Untergebener! Deshalb lautet der nächste Grundsatz kluger Menschenführung: Ein Vorgesetzter muss seine Leute zu mutigem Handeln animieren, durch Lob, Bestätigung und Zuspruch wie auch, wenn es sein muss, durch Tadel und Kritik.

Es ist die Schwäche von Fachleuten in Führungspositionen, ihre Ruhe haben zu wollen und den Elfenbeinturm ihres anerkannten Sachwissens nur ungern zu verlassen, doch Selbstwert wird durch Sprache vermittelt; ein Chef muss deswegen auf seine Leute zugehen, muss mitten unter ihnen sein, muss Kontakt halten und ein Interesse an ihnen bekunden, das sachlich begründet und persönlich gefärbt ist. Kurz gesagt: Wer Menschen führen will, muss die Kunst der Gesprächsführung beherrschen. Lob und Tadel stellen dabei die klassische Bewährungsprobe dieser Kunst dar.

Wie viel man durch Lob und Anerkennung erreichen kann, dazu ist schon genug gesagt worden. Es dürfte auch jeder wissen, dass Mitarbeiter, deren Tun bemerkt und gewürdigt wird, nicht auf die Uhr schauen. Führungskräfte, denen ein Lob trotzdem immer noch schwer über die Lippen kommt, möchte ich nur an eines erinnern: Nichts ist so motivierend wie verdientes Lob, weil es die Freude an der Arbeit fördert. Prämien tun das nicht. Prämien sind äußere Anreize, die allenfalls die Selbstdisziplin fördern und im Übrigen für eine Leistung erteilt werden, die man wohl in jedem Fall erbracht hätte. Lob aber motiviert uns für die vor uns liegende Aufgabe, weil es den Gelobten in seiner Einzigartigkeit bestätigt. Mehr kann man zur Stärkung des Selbstvertrauens kaum beitragen, deshalb: Das Selbstverständliche nicht als selbstverständlich hinnehmen, sondern als Resultat eines besonderen individuellen Vermögens würdigen. Menschen sind keine Roboter, und ein Vorgesetzter, der nicht zu loben versteht, sollte sich fragen, ob er vielleicht die Beziehung zu seiner Arbeit und die Freude an seiner Aufgabe verloren hat.

Schwieriger, viel schwieriger ist das, was der heilige Benedikt als Zurechtweisung bezeichnet, also Tadel und Kritik. Beim Lob hat man darauf zu achten, dass es nicht übertrieben ausfällt, weil es dann wie Ironie und beinahe verächtlich wirkt, und auch nicht allzu beiläufig, weil es sonst wie ein verkappter Tadel klingt. Bei der Kritik den rechten Ton zu treffen, verlangt hingegen ein immenses Einfühlungsvermögen und große Selbstbeherrschung, weil Kritik fast immer in einer ohnehin gespannten Atmosphäre ausgesprochen wird und für den Kritisierten meist viel mehr auf dem Spiel steht als nur seine fachliche Befähigung im konkreten Fall. Benedikt geht in seiner Regel deshalb auf kaum etwas anderes so ausführlich ein wie auf die Zurechtweisung, und was er dazu sagt, beweist für mich erneut, dass Menschenkenntnis keine Errungenschaft unserer modernen, psychologisch aufgeklärten Zeit ist.

Fangen wir mit dem überempfindlichen Kollegen, der mimosenhaften Mitarbeiterin an, mit Leuten, für die bei der kleinsten Unstimmigkeit immer gleich die halbe Welt zusammenbricht, die groß im Übelnehmen und genauso groß im verbohrten Schweigen sind und mit denen man womöglich im selben Büro auskommen muss. Was also tun bei dicker Luft oder wenn die Beschwerden sich häufen? Ich fürchte, da hilft nur reden. Darauf zugehen und offen drüber reden. Oft weiß man ja gar nicht, was man falsch gemacht hat. Wenn ich den Eindruck habe, dass jemand etwas auf dem Herzen hat, warte ich nicht, bis er sich von allein öffnet. Ich spreche ihn an – auch und gerade dann, wenn ich spüre, dass er speziell mir etwas verübelt. So schnell Mimosen wegen fremder «Grobheiten» einschnappen, so schnell überkommt sie meist auch die Zerknirschung angesichts ihrer eigenen Dünnhäutigkeit, und im geduldigen Gespräch lassen sich nicht nur Missverständnisse ausräumen, es ergibt sich auch die Gelegenheit, einen geknickten Menschen wieder aufzurichten. Voraussetzung ist natürlich, dass wir der Versuchung widerstanden haben, Mitarbeiter durch unser übliches Auftreten von unserer Gefährlichkeit zu überzeugen. Eines sollte man allerdings nicht: nachbohren, wenn jemand unser Gesprächsangebot ausschlägt. Bleiben wir diskret und unaufdringlich, auch wenn uns die menschenfreundlichste Absicht treibt. Man kann und darf niemanden zwingen. Aber man kann und sollte versuchen, einem die Peinlichkeit zu nehmen, wenn es die Schüchternheit ist, die ihm die Sprache verschlägt.

Hat nun ein Mitarbeiter in einem konkreten Fall versagt, ist Kritik fällig. Das sollte sich von selbst verstehen, tut es aber offenbar nicht. Die Mitarbeiterin einer großen Behörde sagte mir jedenfalls: «Was viele falsch machen, vor allem Frauen: Sie kritisieren nicht. Sie sind nicht konsequent. Sie lassen immer wieder dieselben Frechheiten und Verstöße durchgehen. Da trauen sich die wenigsten, etwas zu sagen, da pocht kaum jemand auf die Arbeitsmoral, da ertragen es viele nicht, sich unbeliebt zu machen. Man erkauft sich die Sympathie seiner Mitarbeiter durch stetes Wegschauen.» Wir werden auf dieses Problem später noch eingehen, hier nur so viel: Auch ich habe mich anfangs schwer damit getan, anderen Unangenehmes zu sagen. Ich habe aber bald lernen müssen, dass man mit blinder Nachsicht niemandem einen Gefallen tut. Gleichgültigkeit ist in jedem Fall ein Affront und bedeutet immer, dass man den anderen nicht ernst nimmt, weder als Menschen noch als Arbeitskraft. Zwei weitere Aspekte kommen hinzu: Wer Problemen aus dem Weg geht, statt sie aufzuarbeiten, dem nützt die ganze Führungskunst nichts mehr. Der kommt früher oder später in Teufels Küche, weil es an allen Ecken und Enden brennt und er vollauf damit beschäftigt ist, Schadensbegrenzung zu betreiben. Davon abgesehen darf man aber auch nicht allen anderen Nachteile zumuten, nur um einem einzigen Menschen nicht wehtun zu müssen. Das ist eine Frage der Gerechtigkeit. Es dürfen nicht alle unter einem leiden. Kritik liegt also im wohlverstandenen Interesse jedes Mitarbeiters wie auch des Unternehmens, weshalb es ein gravierender Führungsfehler wäre, sich dieser – zugegeben oft lästigen – Pflicht zu entziehen. Nichtsdestoweniger gibt es Etliches zu bedenken, bevor man kritisiert, nämlich das eigene Motiv, die Notwendigkeit der Kritik und ihre Wirkung.

Was die Motivation angeht: Der eigene, womöglich aufgewühlte Gemütszustand ist kein hinreichender Grund dafür, einen Untergebenen zu kritisieren. Man tue dies nie, weil man selbst pikiert ist, nie, um den eigenen Ärger auf einen anderen abzuwälzen, sondern grundsätzlich in der Absicht, ihm weiterzuhelfen und der Sache zu dienen. Kritik muss die Verbesserung der Situation zum Ziel haben, nicht die eigene Erleichterung. Wenn also ein Vorgesetzter schimpft: «Das lasse ich mir nicht bieten!», dann muss er sich fragen lassen: Wieso *mir*? Es geht doch wohl nicht um ihn und seine Seelenruhe! Es geht um den, der den Fehler begangen hat, und um das Projekt, das dadurch infrage gestellt wird, sonst nichts. Also: Auf keinen Fall einer Lust am Kritisieren nachgeben, bloß weil man persönlich enttäuscht ist oder den Kerl ohnehin auf dem Kieker hat und ihm beweisen will, dass er nichts kann. Das Motiv für eine Kritik muss lauter, der Anlass sachlich begründet sein. Deshalb immer die Frage: Ist eine Kritik wirklich nötig?

Sodann will wohl erwogen sein, wann Kritik überhaupt angebracht ist. Ich selbst bin grundsätzlich ein Freund von Nachsicht, solange sich Fehler durch die schlechte Tagesform oder ein Versehen erklären lassen. Solche Missgeschicke werden einmal kurz erwähnt und dann mit der Bemerkung «Ist nicht weiter schlimm» auch gleich wieder vergessen. Eine souveräne Führungspersönlichkeit zeichnet sich ohnehin durch Gelassenheit aus. Niemand soll sie fürchten. Sie nimmt nicht alles tragisch, kann fünfe gerade sein lassen und behelligt andere nur, wenn wirklich etwas auf dem Spiel steht. Man muss nicht alles kommentieren, und wer auf Nebensächlichkeiten herumreitet, verzettelt sich, verliert die Übersicht und stiftet nur Verwirrung. Benedikt schreibt daher dem Abt ins Stammbuch: «Er sei nicht stürmisch und nicht ängstlich, nicht maßlos und nicht engstirnig, nicht eifersüchtig und nicht argwöhnisch, sonst kommt er nie zur Ruhe.» Wohl wahr. Die eigentliche Herausforderung für jeden Führenden besteht in solchen Situationen allerdings darin, zwischen Nebensächlichem und Wesentlichem zu unterscheiden, und hier kommt eine Fähigkeit ins Spiel, die ein unerlässliches Element der Souveränität darstellt. Benedikt nennt sie «discretio».

Die discretio bezeichnet das Vermögen, eine Sachlage genauso wie die Folgen seines Handelns einzuschätzen und Zusammenhänge ebenso wie Unterschiede zu erkennen, also die intellektuelle Tugend der feinen, maßvollen Unterscheidung. Benedikt erwähnt sie gleich zweimal in einem kurzen Abschnitt des 64. Kapitels, in dem es heißt: Der Abt sei «vorausschauend und besonnen. Bei geistlichen wie bei weltlichen Aufträgen unterscheide er genau und halte Maß. Er denke an die maßvolle Unterscheidung des heiligen Jakob, der sprach: ‹Wenn ich meine Herden unterwegs überanstrenge, werden sie alle an einem Tag zugrunde gehen.› Diese und andere Zeugnisse maßvoller Unterscheidung, der Mutter aller Tugend, beherzige er.» Dieses feine Unterscheidungsvermögen brauchen Menschen in Führungspositionen tatsächlich ständig, weil sie sonst nicht in der Lage sind, den Dingen den richtigen Stellenwert zu geben oder einzuschätzen, ob es bei einer Auseinandersetzung um die Sache oder einen völlig überflüssigen Gegenangriff geht. Der Generalabt der Trappisten, der Argentinier Bernardo Olivera, hat die unübertrefflich lakonisch-ironische Formel dafür gefunden: «Selig ist, wer ein Sandkorn von einem Berg unterscheiden kann.»

Und schließlich stellt sich die Frage nach der zweckmäßigsten Form von Kritik. Hier gilt es zunächst einmal, verschiedenen Versuchungen zu widerstehen, die mit dem natürlichen Impuls des Rechthabenwollens einhergehen, als da wären: anderen Böswilligkeit zu unterstellen, sich auf die Diskussion der Schuldfrage einzulassen und psychologisch oder moralisch zu argumentieren. Dies alles hilft uns in Krisen nicht weiter.

Was die Böswilligkeit angeht: Man ist – bei Querschüssen auf Sitzungen etwa oder wenn jemand uns hängen lässt – schnell geneigt, einen gezielten Angriff auf unsere Person zu unterstellen und die böse Absicht zu wittern, unsere Nervenstärke zu testen oder uns bloßzustellen. Tappen wir nicht in diese Falle! Mit dem Verdacht der Böswilligkeit ist nichts gewonnen, aber viel verloren – zum einen, weil man sich aus Ärger leicht zu einer wütenden Bemerkung hinreißen lässt und damit das Gesprächsklima ruiniert, zum anderen, weil man seinem Gegenüber wahrscheinlich unrecht tut. Überdies entgleitet einem im selben Moment die Kontrolle über jede Diskussion, weil Unterstellungen wie alles, was man aus der Luft greift, eine fatale Eigendynamik entwickeln. Man darf also einen Redebeitrag durchaus für blödsinnig, eine Darstellung durchaus für falsch halten, aber man sollte die Motive des Betreffenden auf jeden Fall so wohlwollend wie möglich interpretieren – umso eher bewahrt man die Fassung, umso weniger gerät man in die Gefahr, jemandem unrecht zu tun.

Ich warne auch davor, sich auf die Schuldfrage einzulassen, wenn etwas schiefgegangen ist. Damit wird man eine komplizierte Lage nur noch komplizierter machen. Jede Schuldzuweisung einer Führungsperson kann in heiklen Situationen als moralische Verurteilung missverstanden werden, mit dem Erfolg, dass der Schuldige empört (und völlig zu Recht empört) reagiert, denn moralische Verurteilungen stehen Vorgesetzten in gar keinem Fall zu. Um jedes Missverständnis auszuschließen, sollte die Frage der Schuld zurückgestellt werden, das erleichtert die Klärung eines Missgeschicks erheblich. Genauso müssen natürlich Schuldzuweisungen der Mitarbeiter untereinander unterbunden werden – sei es, weil sie nur als Ventil für Rachegelüste dienen, sei es, weil sie lediglich Ausdruck der Unfähigkeit sind, dem eigenen Versagen ins Gesicht zu blicken. Ich habe mir deshalb zum Prinzip gemacht: Wer recht hat, das interessiert mich nicht. Allenfalls kann man später darauf zurückkommen, damit ein ähnliches Fiasko nicht ein zweites Mal passiert.

Und noch etwas: Man sollte als Vorgesetzter unbedingt vermeiden, den Charakter eines Mitarbeiters zur Erklärung seines Versagens heranzuziehen. Es ist nur eine weitere Spielart der moralischen Verurteilung, zu sagen: «Sie waren ja schon immer so. Offenbar lernen Sie nicht dazu. Jetzt zeigt es sich mal wieder.» Mag ja sein, dass dem so ist. Doch selbst wenn einer tatsächlich aufgrund seines Wesens zu bestimmten Fehlern neigt, bringt diese Art angewandter Psychologie nichts, weil der Charakter eines Menschen sich nicht ändern lässt, derartige Vorwürfe aber die Konfliktlösung unnötig erschweren. Ganz abgesehen davon, dass es dem Betreffenden auch leichter fällt, eine Kritik zu akzeptieren oder einen Rat zu beherzigen, wenn er sich nicht als Persönlichkeit infrage gestellt sieht. Man sollte also niemals ein Versagen zum Anlass nehmen, Grundsätzliches abzuhandeln – es sei denn bei einer späteren Manöverkritik unter vier Augen –, sondern jeden Fall als Einzelfall behandeln. Auch nach der massivsten Kritik muss einer weiterhin an sich und seinen Wert für das Unternehmen glauben können.

Man wird allerdings nie vermeiden können, den einen oder anderen doch tödlich zu kränken. Wie empfindlich Leute auf Kritik reagieren, das erlebe ich hier in Sant'Anselmo täglich, wo Menschen aus rund vierzig Ländern zusammenkommen. Sicher, manche haben eine Elefantenhaut, die wirft nichts um. Aber im Allgemeinen ist es doch so: Niemand sehnt sich nach Einwänden, und wenn einer keine Distanz zu sich hat, stellt jede negative Beurteilung ihn grundsätzlich infrage. Manche brechen sofort zusammen, weil sie die sachlichste Bemerkung als Angriff auf ihre Person erfahren, und bisweilen gibt es Gründe dafür, die kaum nachvollziehbar sind. Da hatte zum Beispiel einer unserer afrikanischen Studenten im Gottesdienst die Lesung gehalten und vergessen, das Mikrofon auf seine Höhe einzurichten, weshalb man ihn kaum verstand. Hinterher habe ich ihn darauf aufmerksam gemacht, sehr behutsam, in freundlichen Worten – gleichwohl war er danach verzweifelt. In solchen Augenblicken kommt die Geschichte der letzten 300 Jahre wieder hoch – die Sklaverei, der Kolonialismus –, da ist plötzlich keine Bemerkung mehr arglos, kein Wort mehr unbelastet, und jeder kritische Kommentar kann als europäische Anmaßung ausgelegt werden. In einer multikulturellen Welt müssen wir auch solche Empfindlichkeiten berücksichtigen.

Wir sollten uns aber auch selbst fragen: Vertrage ich überhaupt Kritik? Kann ich beispielsweise zurückstecken, wenn der andere mir beweist, dass ich unrecht habe, dass meine Vorwürfe gar nicht gerechtfertigt waren? Oder reagiere ich dann verstört und aufgebracht? Damit der Kritiker nicht selbst das Gesicht verliert, sollte er eine Regel unbedingt befolgen: Vorsicht bei der Wortwahl! Stets so kritisieren, dass der andere sich nicht in die Enge getrieben fühlt, dass er immer noch die Möglichkeit zur Richtigstellung, zur Rechtfertigung und zur Gegenkritik hat. Man kann sich ja täuschen – wer sich das vergegenwärtigt, der ändert ganz automatisch seinen Stil, seine Haltung, der kritisiert mit Vorbehalt und tritt deshalb von vornherein behutsam und maßvoll auf. Man formuliere seine Kritik also vorsichtig genug, um jederzeit einen Rückzieher machen und zugeben zu können: Okay, da habe ich mich geirrt. Sehr hilfreich ist dabei die Überlegung: Hätte mir der gleiche Fehler auch unterlaufen können? Ist der Mann, ist die Frau wirklich unfähig – oder haben sich hier bloß viele kleine Fehler addiert, für die der Betreffende nur zum Teil etwas kann? Es versagen ja auch gute Leute, selbst wir. Man sollte deshalb nie sofort die schwersten Geschütze auffahren, sonst steht man am Ende womöglich als blindwütiger Strafprediger da.

Nach dem bisher Gesagten sollte ich mir die Warnung sparen können, einen Schuldigen jemals zur Schnecke zu machen. Ich spreche sie trotzdem aus, weil ich nicht selten erlebt habe, wie ein Chef einem Mitarbeiter regelrecht das Gesicht zerkratzt hat. Da war offensichtlich Sadismus im Spiel. Das widerspricht selbstverständlich allen Grundregeln der Menschenführung. Jeder hat Respekt verdient, auch die größte Niete, auch der, von dem man sich trennen muss. Natürlich darf es mal knallen, das reinigt die Luft, aber nur, solange sich zwei die Wahrheit um die Ohren hauen und nicht einer den anderen mit seinen Wahrheiten beharkt. In aller Regel aber bespricht man nach einem Fehlschlag so gelassen wie eben möglich, was genau schiefgelaufen ist und weshalb; oft kennt der Kritisierte die Antwort längst und ist mehr oder weniger zerknirscht. Völlig unsinnig also, auf ihm herumzutrampeln; vielmehr sollte man zusehen, sein ramponiertes Selbstbewusstsein so schnell wie möglich wieder aufzubauen – und nicht vergessen, dass sich die Lautstärke meiner Kritik immer an der eigenen Verletztheit bemisst, nie an der Schwere des verursachten Schadens.

Man lasse sich dabei niemals von der ersten Abwehrreaktion verdrießen. Wie gesagt, es sehnt sich keiner nach Kritik, und im ersten Augenblick wird der vorausgegangene Tätigkeitsprozess noch viel zu intensiv als lustvoll und selbstbestätigend empfunden, als dass man schon auf kritische Distanz zu seinem Werk gehen könnte. Doch auf die erste Reaktion folgt die zweite; es arbeitet in einem weiter, und mit dem zeitlichen Abstand stellt sich früher oder später die Einsicht ein: So unrecht hat mein Chef gar nicht gehabt. Viel hängt dabei von der

Begründung ab. Man akzeptiert so manches und schickt sich leichter ins Unvermeidliche, wenn man den Grund für eine Entscheidung kennt und nachvollziehbar findet. In einem etwas anderen Zusammenhang rät auch Benedikt, niemanden ohne Begründung fortzuschicken. Falls ein Mönch mit einem unvernünftigen Wunsch an den Cellerar seines Klosters herantritt, schreibt er im 31. Kapitel seiner Regel, kränke der «ihn nicht durch Verachtung, sondern schlage ihm die unangemessene Bitte vernünftig und mit Demut ab». Also auf keinen Fall ein schroffes Nein. Der Bittsteller muss verstehen, warum seine Bitte abgeschlagen wird. Schon der Respekt, den einer dem anderen schuldet, verlangt, auf die Einsicht dessen zu setzen, der eine Niederlage schlucken muss. Ganz abgesehen davon kommt man so zu besseren Ergebnissen. Ich erinnere mich, dass ein Mitbruder mir einmal den Entwurf eines Artikel zurückgab mit den Worten: «Du musst was Neues schreiben. So geht es nicht.» Da war ich zunächst konsterniert, bis er die Begründung nachschob: «In Wirklichkeit bist du viel zuversichtlicher, als dein Artikel vermuten lässt. Das hier ist überhaupt nicht deine Art.» Stimmt, dachte ich, nachdem ich den Artikel nochmals durchgelesen hatte – und war heilfroh, dass er in dieser Form nicht publiziert worden war.

Es gibt übrigens – soweit mir bekannt – vier Methoden, die anfängliche Gegenwehr möglichst auszuschalten. Die erste besteht darin, wie ein guter Trainer vorzugehen und lediglich zu bemerken: «Du kannst es besser, du hast schon deutlich Gelungeneres abgeliefert.» Oder auch Fortschritte anzuerkennen und zu sagen: «Versuch's noch einmal. Es ist schon sehr viel besser geworden, aber du hast mehr drauf.» Vermittels eines Lobs zu kritisieren ist jedenfalls die beste Strategie gegen den grundsätzlichen Selbstzweifel, und eine positive, ermutigende Kritik darf sich auch der Schmeichelei bedienen, in dem Sinne: «Das ist doch eigentlich genau der richtige Auftrag für dich. Du bist für diesen Job meines Erachtens nach wie vor der richtige Mann, die richtige Frau. Mein Vertrauen hast du.»

Die zweite Möglichkeit wäre, einfach an das zu erinnern, was bei einer Arbeit übersehen oder unterschlagen wurde. Meine Mitarbeiter zum Beispiel bitte ich schlicht, dies und das zu erledigen, damit es vom Tisch ist, auch wenn mir vielleicht eher nach der gereizten Frage zumute wäre: «Warum zum Donnerwetter liegt das Zeug hier immer noch herum?»

Der dritte Weg besteht darin, den Betreffenden bei seiner Berufsehre zu packen und zu sagen: «Du, das ist reichlich dürftig, und vor allem ist es alles andere als professionell.» Auf diese Weise wird der Kritisierte kaum darauf verfallen, einen persönlichen Angriff zu wittern, und alles tun, um den Gegenbeweis anzutreten. Wer will schon unprofessionell sein?

Und die vierte Methode läuft darauf hinaus, den Betreffenden so weit zu bringen, seinen Fehler selbst an- und auszusprechen. «Ich lasse den Übeltäter zu mir kommen und beginne das Gespräch sehr freundlich, mit persönlichen Fragen», sagte mir ein Chef, der mit dieser Vorgehensweise auch in heiklen Fällen beste Erfahrungen gemacht hatte. «Dann stelle ich ihm Fragen, die ihn und seine Arbeit betreffen, und durch gezieltes Nachfragen bringe ich ihn dazu, seine Schwächen selbst aufzudecken und seine Probleme freimütig darzulegen. Das setzt natürlich ein Grundvertrauen voraus. Der andere öffnet sich ja nur dann, wenn er sicher sein kann, dass ich ihn nicht zur Sau mache.» Ich finde, dass in diesem letzten Verfahren der eigentliche Auftrag eines Führenden besonders gut zur Geltung kommt, nämlich der, Katalysator zu sein. Denn auf diese Art verhilft er dem Betreffenden nicht nur zu unumgänglichen Einsichten, er erleichtert ihm auch, die Lösung für sein Problem selbst zu finden.

Was wäre in diesem Zusammenhang noch zu berücksichtigen? So manches. Das Thema dieses Kapitels ist unerschöpflich, weil es hier um die Kernaufgaben des Führenden geht, nämlich zu animieren, zu motivieren und die Richtung zu weisen, oder, wie Benedikt sagt, zurechtzuweisen.

Zwei beliebte Fehler will ich wenigstens noch ansprechen. Der erste besteht in der Versuchung, Krisen durch Bevormundung zu entschärfen. Es geschieht immer wieder, dass die Abteilungs- oder Firmenleitung nach einem Eklat Aufgaben und Kompetenzen an sich zieht, in der Annahme, auf diese Weise ähnliche Pannen verhüten zu können. Das ist falsch. Denn zum einen überfordert sich die Führung damit selbst, und zum anderen frustriert sie die betroffenen Mitarbeiter, weil ihnen so die Chance zur Rehabilitierung verweigert wird. Deshalb warne ich vor dem verbreiteten Irrtum, Fehler seien zu vermeiden, indem man Mitarbeiter an die kurze Leine legt.

Der zweite Irrtum besteht in der Verwechslung von Laisserfaire mit einem humanen, souveränen Führungsstil. Natürlich – Tadel und Kritik dürfen kein böses Blut verursachen, stets muss der Kritisierende dafür sorgen, dass kein schaler Geschmack und kein Groll zurückbleiben. Am Ende muss sich ein Vorgesetzter auf jeden Fall versöhnlich zeigen. Aber auf keinen Fall darf er vor Kritik zurückschrecken, wenn sie fällig ist. Gravierende Fehler müssen umgehend beanstandet werden, sonst reißen Unsitten ein – sei es, weil sie unmerklich zur Gewohnheit werden, sei es, weil jeder glaubt, so tragisch könne es ja wohl nicht sein. Und wer zarte Hinweise nicht versteht oder verstehen will, wer auch auf eine unmissverständliche Warnung nicht reagiert, der muss die Konsequenzen tragen, den muss man in sein Unglück laufen lassen. Ein Vorgesetzter darf seine Leute nicht aus der Eigenverantwortung entlassen, und eine Kuschel- und Wohlfühlatmosphäre am Arbeitsplatz führt letztlich ebenso sicher zur Entmündigung von Mitarbeitern wie autoritäre Bevormundung.

Zum Schluss möchte ich einen längeren Auszug aus Benedikts Kapitel über die Zurechtweisung zitieren, an dem mich zweierlei immer wieder besonders fasziniert: wie scharf Benedikt zwischen dem Menschen und seinem Handeln unterscheidet und wie konsequent er Nachsicht und Verständnis mit Kompromisslosigkeit verbindet, wo es um die elementaren Regeln des Klosterlebens geht. Wenn er hier stellenweise schärfere Töne anschlägt, dann auch deshalb, weil Benedikt es in seinem Kloster nicht nur mit Unschuldslämmern zu tun hatte. Wir müssen uns vorstellen, welche sozialen und kulturellen Gegensätze da aufeinander prallten, in dieser Gemeinschaft, die aus ehemaligen Sklaven wie aus Patriziersöhnen der vornehmsten Familien Roms bestand, aus Italienern wie aus germanischen Goten, aus altbewährten Mönchen wie aus den notorischen Verdächtigen, den Priestern mit ihrem Standesdünkel. Beim Lesen der Regel hat man hin und wieder den Eindruck, dass es in seiner Gemeinschaft bisweilen ziemlich turbulent zugegangen sein muss. Nun gut, das jedenfalls rät Benedikt dem Abt:

«Er lasse sich vom Gespür für den rechten Augenblick leiten und verbinde Strenge mit gutem Zureden. Er zeige den entschlossenen Ernst des Meisters und die liebevolle Güte des Vaters. Härter tadeln muss er solche, die keine Zucht kennen und keine Ruhe geben; zum Fortschritt im Guten ermutige er alle, die gehorsam, willig und geduldig sind; streng zurechtweisen und bestrafen soll er jene, die nachlässig und widerspenstig sind.» (Aus dem 2. Kapitel.) «Mit größter Sorge muss der Abt sich um die Brüder kümmern, die sich verfehlen, denn nicht die Gesunden brauchen den Arzt, sondern die Kranken. Daher muss der Abt in jeder Hinsicht wie ein weiser Arzt vorgehen.» (Aus dem 27. Kapitel.) «Er hasse die Fehler, er liebe die Brüder. Muss er aber zurechtweisen, handle er klug und gehe nicht zu weit; sonst könnte das Gefäß zerbrechen, wenn er den Rost allzu heftig auskratzen will. Stets rechne er mit seiner eigenen Gebrechlichkeit. Er denke daran, dass man das geknickte Rohr nicht zerbrechen darf. Damit wollen wir nicht sagen, er dürfe Fehler wuchern lassen, vielmehr schneide er sie klug und liebevoll weg, wie es seiner Ansicht nach jedem weiterhilft ... Er suche, mehr geliebt als gefürchtet zu werden.» (Aus dem 64. Kapitel.)

■ 09 ■ EINE KULTUR DER ZWEI STIMMEN
Plädoyer für einen weiblichen Führungsstil

Schwester Enrica Rosanna

Führen Frauen anders als Männer? Verhalten sie sich in Konflikten anders als Männer? Ich glaube, Frauen *sind* anders als Männer. Sie können und sollten darum auch in Führungspositionen mit einer eigenen, unverkennbar weiblichen Stimme sprechen. Das ist meine vorrangige Sorge. Wenn wir Frauen eine Bereicherung der Menschheit sein wollen, dann müssen wir unsere Verschiedenheit auch überall zur Geltung bringen, dann müssen wir – mit anderen Worten – eine Kultur der zwei Stimmen anstreben.

Zunächst einmal möchte ich aber sagen, dass es für meine Arbeit, meinen Arbeitsstil, für meinen Umgang mit Mitarbeitern nie von Bedeutung war, ob ich mit Frauen oder mit Männern zu tun hatte. Hier im Vatikan zum Beispiel bin ich von Männern umgeben, aber das irritiert mich nicht im Geringsten, es beeinflusst mein Verhalten in keiner Weise. Ich trete gegenüber Bischöfen und Kardinälen nicht anders auf als früher gegenüber meinen Kolleginnen und Kollegen an der Universität oder in der Politik, was daran liegen wird, dass für mich am Arbeitsplatz weder die gesellschaftliche Position noch das Geschlecht eine Rolle spielt. Da zählt die Person, sonst nichts. Mag sein, dass einige Männer bisweilen mit mir Probleme hatten, dass sie vielleicht zunächst geneigt waren, mich zu unterschätzen, doch das legt sich erfahrungsgemäß schnell. Solange man sich natürlich verhält, nicht verkrampft auftritt und keinen Bonus für sein Geschlecht erwartet, erkennen Männer die Autorität einer Frau in aller Regel an.

Nichtsdestoweniger sollten und können Frauen ihre Autorität anders ausüben als Männer, denn Frauen besitzen einen eigenen Reichtum. Dieser Reichtum wurde früher als privater Schatz angesehen, der in der Gesellschaft und der Politik nichts zu suchen hatte. Heute jedoch erkennen wir Frauen in diesem Schatz eine Berufung, wobei sich diese nicht auf einen bestimmten gesellschaftlichen Bereich beschränkt, sondern auf die Menschheit als Ganzes bezieht. Es muss deshalb auch Unterschiede im Führungsstil von Frauen und Männern geben. Ich weiß, dass diese Unterschiede in der Praxis oft kaum bemerkbar sind, weil viele Frauen männliche Verhaltensmuster einfach kopieren, in der Annahme, genauso stark und autoritär auftreten zu müssen wie die Männer. Aus Angst, sich sonst keinen Respekt zu verschaffen, versäumen die meisten, einen eigenen Führungsstil zu entwickeln. Ich halte das für falsch. Denn unsere Aufgabe als Frauen besteht darin, von der biologischen Wahrheit über die zwei Geschlechter zu einer Kultur der zwei Geschlechter zu gelangen; deshalb möchte ich im Folgenden erläutern, was ich darunter verstehe.

Wenn ich sage, Frauen in Führungspositionen müssten ihre eigenen Stärken entwickeln und das vertiefen, was ihnen aufgrund ihrer Natur mehr als den Männern liegt, dann meine ich damit in erster Linie ihr Talent, sich sorgend der Menschen und Dinge anzunehmen, die ihnen anvertraut sind. Im Blick auf die Geschichte der Menschheit erweist sich diese Sorge als ein wesentliches Element der weiblichen Identität. Seit jeher ist es die Aufgabe der Frauen, den Wert des Lebens gegen andere, der männlichen Kultur entstammende Werte wie Arbeit, Macht, Erfolg oder Gewinn zu verteidigen, und ich glaube, dass die weibliche Kultur der Sorge eine ethische, eine politische und kulturelle Kraftquelle darstellt, die das Zusammenwirken der Geschlechter in Zukunft sehr viel fruchtbarer gestalten wird – vorausgesetzt, dass sie in unserer Wertehierarchie jenen Rang einnimmt, der ihrer Bedeutung entspricht.

Die weibliche Sorge kann sich auf vielerlei Weise ausdrücken, und es gibt zahllose Beispiele dafür. Mutter Teresa hat uns durch ihre Sorge um die Elenden vorgemacht, wie man die Welt verändern kann, indem man sich der Vernachlässigten und Übersehenen annimmt. Monica von Tagaste (331–387), die Mutter des großen Kirchenlehrers Augustinus, hat uns gezeigt, wie man sich der Jüngsten annimmt und sie im Bewusstsein seiner Verantwortung großzieht. Katharina von Siena (1347–1380) und Brigitta von Schweden (1303–1373) sind Vorbilder dafür, wie man sich für den Frieden einsetzen sollte, nämlich im Geist der liebevollen Sorge um jene Menschen, die von Konflikten und Machtkämpfen betroffen sind. Katharina hat einen lebhaften Briefwechsel mit kirchlichen und politischen Würdenträgern gepflegt und mutig im Streit zwischen dem Papst und den weltlichen Machthabern Italiens vermittelt; Brigitta hat sich genauso mutig im Krieg zwischen Frankreich und England für einen Friedensschluss stark gemacht. Diese Sorge eben ist die weibliche Art des Regierens, und es war kein Gelegenheitskompliment, als Mutter Teresa vor der UNO als die mächtigste Frau der Welt vorgestellt wurde. Diese Formulierung bedeutete vielmehr die Anerkennung dessen, was Macht eigentlich sein sollte, nämlich ein Dienst am Gemeinwohl, an der Gemeinschaft als solcher.

Und diese Sorge ist deshalb eine weibliche Stärke, weil sie aufs Engste mit der Mutterschaft zusammenhängt, dem fundamentalen Unterschied zwischen Frau und Mann. Führen wir uns nur einmal vor Augen, was die Beziehung zwischen einer Mutter und dem Kind in ihrem Schoß ausmacht: Es ist eine Beziehung, in der Verbundenheit und Freiheit zusammentreffen. Die Verbundenheit entsteht dadurch, dass beide eine Einheit bilden, und die Freiheit gründet in der gleichzeitigen Erfahrung, dass Mutter und Kind als Individuen für sich bestehen. In Anbetracht dieser biologischen Tatsache fällt Frauen in Führungspositionen meines Erachtens die Aufgabe zu, Verbundenheit zu stiften und gleichzeitig ein Klima der Freiheit zu schaffen, damit jeder seine Identität entfalten und zu sich selbst finden kann. Sie sollten den Menschen, mit denen sie es zu tun haben, also dazu verhelfen, eine klare Vorstellung von ihrer Einzigartigkeit zu entwickeln, ohne dass ihr Gefühl für die Gleichheit aller Menschen dabei verkümmert.

Eine andere weibliche Stärke besteht darin, Grenzen zu respektieren und Beschränkungen in ihrem Sinn und ihrer Notwendigkeit zu verstehen. Das ist eine ganz wichtige Fähigkeit, denn im Gesellschaftlichen wie im Privaten sind Beziehungen nur dann von Dauer, wenn alle Beteiligten bereit sind, Grenzen anzuerkennen und Beschränkungen auf sich zu nehmen. Und auch dieser Respekt vor Grenzen hängt mit der weiblichen Natur zusammen; er beruht nämlich auf der Erfahrung, dass man als Frau nicht ständig fruchtbar ist, dass Momente der Fruchtbarkeit mit Phasen der Unfruchtbarkeit abwechseln. Wir Frauen verstehen daher besser, dass Erfolge nicht nur mit ungestümer Dynamik erzielt werden, sondern sich auch Phasen des Innehaltens, der Besinnung und der Ruhe verdanken.

Und die dritte weibliche Stärke ist das Vermögen, Schmerz und Freude im Zusammenhang zu denken. Das bestärkt uns Frauen enorm in unserer Bereitschaft, Schmerzen zu ertragen. Es fehlt den Männern ja ebenso jene Erfahrung, in der sich der Schmerz der Geburt mit der Freude über das Neugeborene mischt. Von diesem tieferen Verständnis für den Zusammenhang zwischen Schmerz und Glück, Tod und Leben, Streit und Frieden können wir als Führende jedenfalls unendlich profitieren, weil wir damit in das Geheimnis des Samenkorns eingedrungen sind, das in die Erde fallen und sterben muss, bevor es hundertfältige Frucht trägt. Diese drei einzigartigen weiblichen Fähigkeiten müssen Frauen nun meines Erachtens im Gemeinschaftsleben und in ihrer Art, Menschen zu führen, zur Geltung bringen, das heißt: Es wird ihnen dann gelingen, eine weibliche Führungskultur zu entwickeln, wenn sie Verbundenheit herstellen, ohne Menschen an sich zu binden, wenn sie Grenzen im Zusammenleben wie in der Zusammenarbeit berücksichtigen und betonen und wenn sie schwierige Situationen in dem Bewusstsein meistern, dass Schmerz Freude gebären kann. So könnte man zu einer neuen Herrschaftskultur kommen, die sich als Dienst an der Person und an der Gemeinschaft versteht.

Dass Frauen durch diese charakterlichen Eigenschaften in die Lage versetzt würden, Konflikte leichter und besser als Männer zu lösen, glaube ich allerdings nicht. Es entspricht auch nicht meiner Erfahrung. Was ich hingegen sehr wohl sehe, ist ihre Eignung zu nüchternem Realismus in gespannten oder konfliktträchtigen Situationen. Ich führe in diesem Zusammenhang gern das Beispiel der englischen Königin Elizabeth II. an, die in ihrer Erziehung eine harte Willensbildung durchlief und von ihrer Erzieherin einmal gesagt bekam: «Alles, was man will, kann man erreichen.» Woraufhin die kleine Elizabeth fragte: «Kann man auch Zahnpasta wieder in die Tube zurückdrücken?»

Die weibliche Haltung der Wirklichkeit gegenüber ist manchmal vielleicht weniger befrachtet mit überzogenen Vorstellungen der eigenen Bedeutung und Größe als die der Männer, und dieser Realismus kann in Krisensituationen jedenfalls nicht schaden. Im Übrigen verstehe ich es grundsätzlich eher als Aufgabe der Frau, Gegensätzen zu widerstehen und die Bildung von Fronten überhaupt zu verhindern als den Knoten der Widersprüche zu durchschlagen. Das ist in unserer Zeit der Fragmentierung, der Zerstückelung wichtiger; wir brauchen nicht noch mehr Bruchstücke, nachdem wir schon das Zentrum verloren haben und von Auflösungserscheinungen umgeben sind.

Nun weiß ich aus vielen Diskussionen, dass Feministinnen die Wirklichkeit geschlechtsspezifischer Fähigkeiten und Eignungen leugnen und die völlige Identität der männlichen und weiblichen Natur behaupten, bis hin zu der These, dass es unmöglich sei, beides zu definieren. Diese Einstellung beweist nur, wie wenig sie darüber wissen, was es bedeutet, ein Mann oder eine Frau zu sein. Ich rate diesen Frauen immer, dieser Frage tiefer auf den Grund zu gehen, sich ernsthafter mit den Geschlechterunterschieden zu befassen, und manchmal gelingt es mir, auch die Eifrigsten unter ihnen etwas zu beruhigen. Ich verstehe ja, dass sie völlige Gleichheit für einen Ausweg halten, den ihre schlechten Erfahrungen ihnen nahezulegen scheinen. Aber Radikalismus ist immer unfruchtbar. Wir müssen auch im Umgang der Geschlechter das anstreben, was allen nützt, was allen weiterhilft und alle zusammenführt. Totale Opposition zerstört, was sie zu schützen und zu erhalten vorgibt.

Mir scheint es, vom radikalen Feminismus einmal ganz abgesehen, in der Beziehung der Frauen zu den Männern ohnehin eine Neigung zu den Extremen zu geben, als käme nur entweder vollkommene Unterwerfung oder kompromisslose Auflehnung in Betracht. Wenn ich an meine Mutter denke … In meiner Familie war es zum Beispiel so, dass für meine Mutter alles sakrosankt war, was mein Vater sagte. Meine Schwester dagegen kommandiert in ihrer Familie, und mein Schwager gehorcht. Wenn man sich nun mit der Frauenfrage beschäftigt und die Entwicklung des Feminismus betrachtet, kommt man zu einem ähnlichen Befund. Da ging es in drei Phasen von der unkritischen Unterwerfung unter den Mann über die Ablehnung alles von Männern Geschaffenen bis zur Auflehnung gegen die Männer selbst. Wie unklug diese Radikalisierung ist, das hat mittlerweile sogar die Amerikanerin Betty Friedan eingesehen, eine der kämpferischsten Feministinnen, die in ihren letzten Veröffentlichungen etliche ihrer früheren Standpunkte revidierte.

Wenn man die Wirklichkeit der Geschlechter nüchtern betrachtet, muss man, wie ich finde, auch Etliches ablehnen, was heute weit über feministische Kreise hinaus für richtig gehalten wird. Dazu gehört die Frauenquote am Arbeitsplatz, die Protektion von Frauen, nur weil sie Frauen sind. Ich meine: Es soll vorankommen, wer etwas taugt, gleich ob Mann oder Frau – das Geschlecht kann in keinem Fall für Inkompetenz entschädigen. Wenn ein Mann in einem Bereich besser geeignet ist als eine Frau, dann soll er diesen Bereich besetzen. Genauso sollte man auch nicht leichtfertig von Diskriminierung reden, wo Kritik lediglich gegen moderne Denkgewohnheiten verstößt. Diskriminierung gibt es in der Tat, nämlich in Form wirtschaftlicher Benachteiligung und politischer Unterdrückung, aber Kritik fällt nicht darunter. Wenn unwillkommene Kritik mit dem Argument der Diskriminierung verhindert wird, dann verlieren wir jeglichen Bewertungs- und Vergleichsmaßstab. Es gibt objektive Werte, es gibt vernünftige Erkenntnisse und es gibt Prinzipien, in deren Namen Kritik zu üben nicht nur mein Recht, sondern häufig sogar meine Pflicht ist. Soll diese Kritik unterbleiben, nur weil sie dem Zeitgeist widerspricht?

Ich rate Menschen, die in ihrem Radikalismus so weit gehen, Widerspruch unerträglich zu finden, dasselbe wie Feministinnen: Bleibt ruhig. Überdenkt eure Standpunkte noch einmal, studiert die Probleme gründlicher. Und erlaubt, ein Modell zur Diskussion zu stellen, das die völlige Gleichheit von Mann und Frau verwirft und der Stimme der Frauen zum Durchbruch verhilft, damit es im Privatleben wie in der Arbeitswelt zu einer fruchtbaren Wechselbeziehung zwischen den Geschlechtern kommt. Und bedenkt, dass die Beschäftigung mit der weiblichen Identität auch die männliche Identität infrage stellt – was meiner Auffassung nach die Voraussetzung für eine echte Kultur der zwei Stimmen ist.

10 RÜCKVERSICHERUNGSMENTALITÄT
Über Mut und Feigheit im Unternehmensalltag

Abtprimas Notker Wolf

Ich habe selten völlig neue Projekte in Angriff genommen und eigene Strategien entwickelt, dafür fehlt mir einfach die Zeit. Zu den wenigen Ausnahmen gehört die Gründung des ersten Benediktinerklosters auf den Philippinen; das war tatsächlich ein Aufbruch, nämlich ein Ausbruch aus unseren angestammten Missionsgebieten. Den wollte ich, daran lag mir persönlich, und den habe ich gegen erheblichen Widerstand durchgesetzt.

Unsere afrikanischen Klöster protestierten damals besonders heftig. «Wir pfeifen hier auf dem letzten Loch, wir brauchen hier jeden Mann», bekam ich zu hören, «und ihr fangt auf den Philippinen etwas Neues an? Seid ihr noch ganz bei Trost?» Ich selbst war mir meiner Sache zwar sicher, fragte mich aber auch, woher wir die erfahrenen europäischen Mönche für die Aufbauarbeit nehmen sollten. Zudem bedeuten Neugründungen stets eine zusätzliche Belastung für das Mutterkloster; man muss sich anfangs intensiv um sie kümmern, muss in ständigem Kontakt bleiben und hin- und herfliegen, nicht anders, als wenn ein Konzern einen Zweigbetrieb im Ausland aufbaut. Die Brüder der Gründungsmannschaft fangen bei null an, in einem fremden Land, in einer fremden Kultur, beherrschen die Sprache noch nicht, müssen sich aber mit den Behörden herumschlagen, die Isolation macht ihnen zusätzlich zu schaffen, und obendrein stellt sich die bange Frage: «Wird von den Einheimischen überhaupt jemand eintreten?» Verständlicherweise hieß es seinerzeit von vielen Seiten: «Daraus wird nie etwas werden.» Dennoch waren wir erfolgreich, und von den Philippinen ging das Signal für weitere Klosterneugründungen aus, in Indien, in Togo, in Uganda und im Kongo.

Das Neue zu wagen erfordert Visionen. Auch organisatorisches Geschick. Vor allem aber Mut. Ob im Orden oder in der Wirtschaft – bei jedem Schritt ins Ungewisse muss man sich selbst und anderen Umstellungen zumuten, muss Risiken eingehen, muss Widerstand überwinden und gegen die Trägheit ankämpfen. Alle, egal was sie treiben, ob Handwerksbetriebe oder Großkonzerne, sind einer wachsenden, für manche beängstigenden Dynamik ausgesetzt, und insofern lässt sich Führungskultur ganz grundsätzlich als eine Kultur des Mutes beschreiben. Wobei nicht nur die großen Wagnisse Courage verlangen. Auf Veränderungen vorbereitet zu sein, das heißt im Arbeitsalltag zunächst einmal, mit ständig wechselnden Situationen fertigzuwerden, sich täglich dem Unvorhersehbaren auszusetzen und Entscheidungen zu treffen, deren Konsequenzen nicht bis ins Letzte absehbar oder nur allzu gut abzusehen sind. Und immer wieder kommt es dabei zum Offenbarungseid, gibt sich ein Vorgesetzter als ängstlicher, womöglich feiger Mensch zu erkennen oder als jemand, der Beherztheit besitzt.

Führende sollten das Zeug zum Wagnis haben und den Mut zur Verantwortung, auch zu schwierigen und unpopulären Entscheidungen, auch dazu, das Richtige zu tun. Dieser Mut kann sich indessen ganz unterschiedlich äußern: gar nicht unbedingt als Risikobereitschaft, sondern auch als Standfestigkeit, als Unerschütterlichkeit, als Konsequenz – mit anderen Worten: als Rückgrat. Für mich beginnt der Mut schon da, wo man sich nicht moralisch unter Druck setzen lässt. Ich erlebe zum Beispiel gelegentlich, dass mir in Verhandlungen entgegengehalten wird: «Aber Sie als Gottesmann, wie können Sie solche Forderungen stellen? Wo bleibt Ihre christliche Nächstenliebe?» Andere, die über eine Entscheidung von mir unglücklich sind, beklagen pathetisch meine Grausamkeit, beschwören den Abgrund, in den ich sie stoße, oder drohen gar, sich etwas anzutun. Ich reagiere auf solche Appelle an mein Gewissen, je nachdem, sehr nüchtern oder ironisch, nehme den Betreffenden auch mal ernster als er sich selbst und sage dann: «Bitte sehr, wenn du dich umbringen willst, ich werde dich nicht daran hindern. Es täte mir leid, aber es ist deine Sache.» Nein, dergleichen Erpressungsversuche sollten bei uns nicht verfangen. Man kann sich nicht jeden Schuh anziehen, der Mensch hat nur zwei Füße, und wer auf alles eingeht, auf alles anspringt und alles auf sich bezieht, der ruiniert sich seelisch. Dasselbe gilt für Leute, die sich keiner Verpflichtung entziehen können, jene überängstlichen Menschen, die permanent fürchten, irgendwo anzuecken, und vor lauter Gewissensbissen keine Ruhe finden, solange nicht alles bis ins Kleinste geklärt und aufgeklärt und bereinigt ist. Durch penible Gewissenhaftigkeit überfordert man sich selbst und andere. Ein Vorgesetzter ist kein guter Onkel und keine Gouvernante, er sollte Dinge von minderer Dramatik auch ungerührt auf sich beruhen lassen können.

Diese selbstsichere Gelassenheit schafft Vertrauen. Bei aller Bereitschaft, Fehler zuzugeben, muss man als Führungskraft darum den Eindruck von Unsicherheit oder Ängstlichkeit vermeiden. Und dieser entsteht, wenn wir zur Rechtfertigung oder Verteidigung anheben, noch bevor ein Vorwurf erhoben wurde. Vorweggenommene Selbstverteidigung wie auch präventives Zurückschießen lassen immer auf die Schwäche der eigenen Position oder der eigenen Persönlichkeit schließen. Man rechtfertige oder erkläre sich also niemals, um dem Vorwurf eines anderen zuvorzukommen – statt ihm den Wind aus den Segeln zu nehmen, gibt man ihm damit nur Auftrieb und schürt den Verdacht, man hätte tatsächlich etwas zu verbergen. Desgleichen ist es ein Zeichen von Schwäche, Sachverhalte kompliziert und umständlich darzustellen, philosophisch zu werden, wo es um Banales geht, einen Besinnungsaufsatz von zwanzig Seiten zu verfassen, um ein biederes Argument zu stützen. Bei derartigen Reaktionen traut man offensichtlich der eigenen Überzeugungskraft nicht – genauso wie in dem bereits erwähnten Fall, in dem Expertenrat oder wissenschaftliche Analysen zur Begründung einer Entscheidung herhalten müssen, die der gesunde Menschenverstand nicht anders getroffen hätte.

Sagen Sie also, was Sie zu sagen haben, kurz und knapp und klar. Und sagen Sie es auf Deutsch. Natürlich hat das englische Wirtschaftskauderwelsch, das bei uns eingerissen ist, viele Vorteile: Es klingt dynamisch, und nichts möchten Manager lieber sein. Es verleiht ihnen die Aura dessen, der die Zauberformel besitzt. Es weist sie als Angehörige einer international agierenden Elite aus. Und keiner merkt, dass auch sie nur mit Wasser kochen. Es hat nur einen Nachteil: Mitarbeiter, Aktionäre und Kunden verstehen nicht so recht, was mit «Newplacement», «Quality Gates» oder «Impression Management» gemeint ist. Und das könnte doch ein Grund sein, trotz allem den Mut aufzubringen, deutsch zu reden.

Natürlich gibt es Situationen, in denen Mut und Feigheit noch offenkundiger sind. Vor allem bei schmerzlichen Personalentscheidungen zeigt sich, welcher Chef Rückgrat besitzt, und wenn es mittlerweile gar nicht mehr unüblich sein sollte, Kündigungen per SMS auszusprechen oder per E-Mail zu versenden, kann man nur von einem Armutszeugnis für die Geschäftsleitung sprechen. Wer so vorgeht, der fügt dem Unglück des Entlassenen die Demütigung hinzu, aus Feigheit, was die verbliebenen Mitarbeiter übrigens nicht viel weniger verbittern wird als den Betroffenen. Solche Methoden schaden mit Sicherheit auch dem Betriebsfrieden, verunsichern die Mitarbeiter, schüren das Misstrauen und sind deshalb nicht nur verwerflich, sondern töricht.

Entlassungen sollten also auf jeden Fall in einem persönlichen Gespräch mitgeteilt werden. Ich weiß, wie hart das viele Personalchefs ankommt, wie viele deshalb schlaflose Nächte verbringen. Mut gehört immer dazu – es sei denn, man zählt zu den Sanierern, die kalt lächelnd Hunderte und Tausende feuern. Aber man kann sich selbst die Sache etwas erleichtern und die Bitterkeit der Entscheidung für den Betroffenen um einiges mildern, wenn man Entlassungen mit dem nötigen Respekt vor der Würde des anderen vornimmt. Mein Rat lautet deshalb: Gibt es für eine Entlassung wirtschaftliche Gründe, sollte ein Personalchef im Gespräch zu erkennen geben, dass ihm die Entlassung alles andere als leicht fällt; so erspart er dem Entlassenen die Kränkung, auch als Mensch entbehrlich zu sein. Gleichzeitig sollte er ihm so einsichtig wie möglich machen, weshalb die Entscheidung nicht anders ausfallen konnte, damit klar wird: Wir treiben hier kein grausames Spiel, vielmehr macht die gegenwärtige Situation diese Maßnahme unumgänglich. In jedem Fall muss ein Personalchef ohne Umschweife auf den Punkt kommen, denn wer zu ihm gerufen wird, ahnt ohnehin, was die Uhr geschlagen hat. Man sollte die Qual des Betroffenen nicht verlängern, indem man ihn zwischen Hoffen und Bangen schweben lässt. Der Vorschlaghammer ist sicher die falsche Methode, aber klare Worte sind angebracht, wobei genauso deutlich werden muss, dass die Entlassung keinerlei persönliche Gründe hat.

Der Entlassene wird sich trotzdem fragen, warum es gerade ihn getroffen hat. Den Schmerz des «ausgerechnet ich» kann niemand ihm ausreden, und manche werden allen Beteuerungen zum Trotz glauben, dass sie in Ungnade gefallen sind. Ein kluger Personalchef versteht, dass das aus Selbstschutz geschieht: Viele brauchen die Illusion, persönlichen Animositäten zum Opfer gefallen zu sein, weil sie nicht vor sich selbst als Versager dastehen wollen. Auch ich erlebe immer wieder, dass Leute eine Ablösung oder Absetzung lieber als persönlichen Angriff verstehen wollen, als die sachlichen Gründe zu akzeptieren, die ich ihnen wieder und wieder dargelegt habe. Das muss man als Vorgesetzter aushalten, es ist menschlich verständlich.

Auch wenn es weniger Überwindung kosten mag, jemanden zu entlassen, der an seinem Platz nicht das Erwartete geleistet hat, erfordert das Gespräch mit ihm doch ebenfalls Mut. Es ist jetzt noch schwerer, menschlich zu bleiben und keine Spur von Verachtung durchscheinen zu lassen, und auch in diesem Fall sollte man versuchen, die Entscheidung für den Betreffenden nachvollziehbar zu machen. Folgende Überlegung könnte einem Personalchef dabei die Argumentation erleichtern: Neben dem innerbetrieblichen, ökonomischen Aspekt fällt auch das Problem der Gerechtigkeit gegenüber den anderen Mitarbeitern ins Gewicht. Der Betroffene wird sich immer ungerecht behandelt fühlen; als Vorgesetzter hat man aber zu berücksichtigen, dass auch all jene einen Anspruch auf Gerechtigkeit haben, die unter einem Versager leiden. Denn was bedeutet es für die Gruppe, wenn einer seine Leistung nicht erbringt? Dass alle anderen mehr arbeiten oder mit ansehen müssen, wie das gemeinsame Projekt durch einen Einzelnen gefährdet wird. Das verträgt sich auf keinen Fall mit dem Gebot der Fairness, und ich denke mir, dass dieser Gedanke früher oder später auch dem Betroffenen einleuchten wird.

Ganz problematisch wird es, wenn die Geschäftsleitung einen guten Mann loswerden will. Seine Kollegen stehen dann oft vor der Frage, ob sie sich für ihn einsetzen sollen, und welchen Preis sie für ihre Solidarität mit ihm zu zahlen bereit sind. Ich würde mir die Frage stellen: «Ist er überhaupt zu retten? Geht mein Einfluss denn so weit? Oder mache ich mich durch meinen Protest höheren Orts nur verdächtig?» Natürlich kann man mit den Verantwortlichen argumentieren, darf wissen wollen: «Ist er wirklich so schlecht? Hat er nicht seine Verdienste? Wäre ein anderer besser?» Doch ich befürchte, dass Kollegen meist machtlos sind, wenn einer der Ihren der Personalpolitik zum Opfer fällt. Dann muss man sich, so schwer es fällt, damit abfinden, dass man Verschiedenes nicht verhindern kann. Und sich vor Augen führen, dass man für das Schicksal eines Menschen keine Verantwortung trägt, wenn es in den Händen anderer liegt. Mit Feigheit hat das nichts zu tun.

Die übelsten Folgen hat zweifellos die Feigheit in ihrer institutionalisierten Form. Man begegnet ihr dort, wo es ausgeprägte Hierarchien gibt, wo Standesdenken und Standesdünkel um sich gegriffen haben und formalistische Hürden im Firmenalltag aufgebaut werden. «Das ist etwas ganz Furchtbares», bestätigte mir ein Manager. «Es demotiviert, es lähmt, es führt zu unglaublichem Leerlauf. Ich kenne DAX-Unternehmen, die gescheitert sind, weil ihre Vorstände zu hierarchisch, zu autoritär, zu bürokratisch waren. Sie umgeben sich mit Speichelleckern, heben irgendwann ab und treffen mit absoluter Sicherheit die falschen Entscheidungen.» Ich teile diese Einschätzung. Als Benediktiner und Abtprimas eines Ordens, der im Grund ein recht lockerer Zusammenschluss autonomer Einzelklöster ist, empfinde ich ohnehin eine starke Abneigung gegen zentralistische und hierarchische Gebilde. Aber abgesehen davon kann man wohl auch grundsätzlich sagen: Wer sich stur auf Vorschriften und Gesetze beruft, wer Rangordnungen betont und einen autoritären Führungsstil pflegt, der ist auf dem besten Weg zum Funktionär. Solche Strukturen sind immer ein Ausdruck von Verantwortungslosigkeit und mangelndem Mut, und man darf sicher sein, in diesen Unternehmen auch eine weitere, besonders fatale Ausprägung der Feigheit anzutreffen: die Rückversicherungsmentalität.

Diese Mentalität wuchert und blüht überall, wo nach dem Motto verfahren wird: «Ein Fehler darf höchstens einmal passieren» – was in der Praxis einer permanenten Bedrohung gleichkommt. Und die führt zwangsläufig zur Herrschaft pedantischer Ängstlichkeit, denn da Fehler ständig passieren, versucht nun jeder, sich so zu verhalten, dass ihm wenigstens kein Fehler nachzuweisen ist. Mit dem Ergebnis, dass über jede Kleinigkeit eine Aktennotiz gefertigt, jedes Telefonat dokumentiert und die Verantwortung für jede Entscheidung auf so viele Schultern verteilt wird, dass im Fall des Falles alle mit sauberen Händen dastehen. Anhand der Akte lässt sich dann lückenlos nachweisen, dass jeder alles richtig gemacht hat, gleichgültig, wie viel tatsächlich schiefgelaufen ist. «Ich kenne Führungskräfte», erzählte mir der oben erwähnte Manager, «die an größere Projekte nicht mit einer kleinen, schlagkräftigen Truppe herangehen, sondern mit dreißig, vierzig Leuten, damit vorher jeder gehört wird und hinterher keiner schuld ist, wenn sich die Sache als Fehlschlag erweist. Jede Besprechung dort läuft auf eine Rechtfertigungsorgie hinaus.»

In einem solchen Klima der Angst sind keine sachgerechten Entscheidungen, ist auch keine menschengerechte Führung mehr möglich. Angst ist der schlechteste Ratgeber. Und ängstliche Menschen erzeugen Angst, sobald sie Führungspositionen einnehmen. Wieso? Weil sie ihre Sicherheit nicht aus sich selbst schöpfen, sondern auf ihrem Weg nach oben mehr und mehr in äußeren Strukturen suchen – eben in jenen Strukturen, die Angst erzeugen. Unsicher wie sie sind, bedeutet der Machtverlust die denkbar größte Katastrophe für sie, weshalb sie der Versuchung der Feigheit genauso leicht erliegen wie den Verlockungen der Macht. Für seine Mitarbeiter ist ein ängstlicher Vorgesetzter leicht zu erkennen, egal, wie selbstbewusst er auftritt. Immer dann nämlich, wenn unangenehme Entscheidungen anstehen, hat er plötzlich keine Zeit. In Nebensächlichkeiten erweist er sich als Pedant und erledigt Wichtiges mit einer Handbewegung. Er stellt sich nicht, er weicht aus, er lässt andere im Regen stehen und verlässt sich lieber auf die zähneknirschende Loyalität von Mitarbeitern, die nie so genau wissen, wie gut sein Draht nach oben wirklich ist, als auf das Vertrauen freier, selbstverantwortlicher Menschen.

Für ein Unternehmen sind solche Führungskräfte eine Katastrophe. Vorgesetzte können die Aufgabe, einen angstfreien Raum zu schaffen, daher nicht ernst genug nehmen. Es geht eben nicht nur um Humanität. Es geht auch um Effizienz. Es geht um den wirtschaftlichen Erfolg der gesamten Firma. Natürlich kann einer, der selber ängstlich ist, nicht anderen die Angst nehmen, und Mut kann man unglücklicherweise nicht lernen. Immerhin fällt es leichter, sich und seine Selbstzweifel zu überwinden, wenn man seine Arbeit als Auftrag versteht und wenn man diesen Auftrag vielleicht sogar als Lebensaufgabe ansieht. Ich will dazu abschließend eine kurze, ganz unspektakuläre Geschichte erzählen.

Ich weiß nicht, ob sie schon eine mutige Frau war, bevor sie in diesen kleinen italienischen Konvent eintrat, ich erfuhr erst durch ihre Briefe von ihr. Immerhin war es ein ungewöhnlicher Schritt, denn dieses Kloster bestand nur aus wenigen alten Nonnen, fast die Hälfte davon bettlägerig – es war ein sterbendes Kloster und obendrein in einem großen, hässlichen Gebäudekomplex im Stadtzentrum untergebracht. Mit ihren fünfzig Jahren war sie mit Abstand die Jüngste dort. Und dann schrieb sie mir ratsuchend von den Schikanen der Äbtissin. Man wusste offenbar nichts Rechtes mit ihr anzufangen. Sie brachte Unruhe in diese selbstgenügsame Gemeinschaft, sie wurde immer wieder zum Studium fortgeschickt, und manchmal war sie nahe daran zu verzweifeln. Wir standen in engem Briefkontakt, und fast hätte ich ihr geraten, aufzugeben – da wurde sie überraschenderweise zur Äbtissin gewählt. Schlagartig änderte sich dort alles. Sie redete freundlich mit allen, sie brachte die Abende im Gespräch mit ihren Mitschwestern zu, und binnen kurzem gelang es ihr, die jahrzehntelange Erstarrung aufzulösen. Damit waren alle wieder glücklich. «Ich christianisiere die zwischenmenschlichen Beziehungen», schrieb sie mir. Gut möglich, dass dieses Kloster nun wieder eine Zukunft hat. Wo Freude ist, da gibt es Leben und Weiterentwicklung. Aber selbst wenn wider

Erwarten keine Neubelebung mehr eintreten sollte, bereitet sie den Alten doch wenigstens einen menschenwürdigen Lebensabend. Ich bewundere den Mut dieser Frau.

■ 11 ■ EINE MAGISCHE KRAFT
Vom Zuhören und der Konzentration auf das Wesentliche

Abtprimas Notker Wolf

Während der Einweihungsfeier für unser Krankenhaus in Nordkorea stieß mich eine Mitschwester von den Philippinen an und flüsterte: «Herr Abtprimas, holen Sie Ihre Querflöte raus, spielen Sie uns irgendetwas vor!» Wir saßen in dem nüchternen Speisesaal eines Hotels, und bisher war die Feier nach dem steifen nordkoreanischen Protokoll abgelaufen. Ich stand also auf, setzte die Flöte an, spielte etwas von Mozart, ging dann zu koreanischen Volksliedern über, und siehe da: Die Gesichter entspannten sich, die Mienen hellten sich auf, und eine koreanische Kellnerin stellte sich neben mich und begann, zu meinem Flötenspiel zu singen. Die versammelte Gesellschaft war begeistert. Und vielleicht dachten unsere Gastgeber auch: Endlich ein Europäer, der nicht die erste Geige spielen muss, sondern bereit ist, eine Koreanerin zu begleiten.

Reden ist nicht alles, wenn man Menschen das Gefühl geben will: Ich gehe auf dich ein, ich nehme dich wahr, ich komme dir entgegen. Musik ist natürlich ideal, weil sie jeder Situation einen Anstrich von Frieden und Verständigung gibt, und selbst meine feministisch angehauchten nordamerikanischen Mitschwestern habe ich an einem geselligen Abend mit Broadway-Melodien von ihrer anfänglichen Skepsis mir gegenüber erlöst. Als Vorgesetzter allerdings wird man kaum zur Panflöte greifen, um ein entspanntes Klima zu schaffen, und braucht es auch nicht. Denn eine andere Kunst hat eine ähnlich verzaubernde Wirkung auf Menschen: das geduldige, aufmerksame, genaue Zuhören. Und das will gelernt sein.

Zuhören können die wenigsten. Zum Sprechen braucht man niemanden zu überreden. Sprechen ist lustvoller Selbstvollzug, Sprechen ist Aktion, im Sprechen kann man seinen narzisstischen Selbstdarstellungsimpuls ausleben, deshalb drängt es die meisten zum Sprechen. Zum Zuhören drängt es kaum einen, im Gegenteil. Mit zunehmendem Lärmpegel wächst eher die Lust am Weghören, und die Unaufmerksamkeit wird zu einer kaum noch beherrschbaren Attitüde. Allenfalls die Medien schaffen es noch, uns zu längeren Phasen des Zuhörens zu verleiten. Ansonsten ist Zuhören für viele die tote Zeit zwischen zwei eigenen Redebeiträgen, überflüssige, verschwendete Zeit, und schon der Umstand, dass Zuhören Geduld und Selbstbeherrschung erfordert, macht es zu einer Zumutung. Wir haben die Kunst des Zuhörens in einem solchen Maße verlernt, dass jemand, der tatsächlich zuzuhören vermag, ruhig, entspannt, konzentriert, vielleicht sogar begierig zuzuhören vermag, fast wie ein Fabeltier bestaunt wird.

Dabei ist Zuhörenkönnen eine Fähigkeit von fast magischer Kraft, und alles Reden ist vergeblich, wenn wir nicht auch die Kunst des Zuhörens beherrschen. Nicht von ungefähr beginnt der heilige Benedikt den Prolog seiner Regel mit dem Wort «Höre». Gleich der erste Satz lautet: «Höre, mein Sohn, auf die Lehren des Meisters, und neige das Ohr deines Herzens.» Hellwache Aufmerksamkeit verlangt er von seinen Zuhörern und dass sie mit der ganzen Person, mit ihrem Herzen bei der Sache sind. Zu viel verlangt im Arbeitsstress? Sicher, im Firmenalltag geht es nicht um ein gottgefälliges Leben und nicht um die ewige Seligkeit. Aber es geht um die Gefahr von Fehlentwicklungen aufgrund kaum aufzuklärender Missverständnisse, es geht um die Lustlosigkeit frustrierter Mitarbeiter, die sich von ihren Vorgesetzten ein ums andere Mal abgefertigt fühlen – Grund genug, das Zuhören genauso ernst zu nehmen wie das Sprechen. Gottlob gehört das Zuhören zu den Fähigkeiten, die man sich durch Training aneignen kann – und ganz sicher auch aneignen will, sobald man eine Ahnung davon bekommen hat, worin die Macht des Zuhörens besteht.

Denn Zuhören bedeutet nicht bloß hinzuhören und die wesentlichen Informationen aus dem Gesagten herauszupicken. Natürlich kann man froh sein, wenn Kommunikation so weit gelingt, dass sich jeder unmissverständlich mitteilt. Aber es geht um mehr als einen gelungenen Informationsaustausch. Zuhören ist die Kunst, durch das eigene Schweigen seinem Gesprächspartner auf die Sprünge zu helfen. Gekonntes Zuhören stimuliert, regt den anderen zum Sprechen, und mehr noch, zum Denken an, es befreit Zunge und Gehirn. Zuhören ist oftmals der größte Dienst, den man einem Menschen erweisen kann, und verlangt von einer Führungsperson noch ganz anderes als vorübergehend nichts zu sagen, damit der andere auch einmal das Wort ergreifen kann.

Zuhören heißt, seinem Gegenüber Raum zu geben und Zeit zu schenken, sich selbst völlig zurückzunehmen und den anderen zur Geltung kommen zu lassen. Dafür muss man sich auf ihn und sonst nichts einstellen, muss alles liegen lassen und alles vergessen können und sich völlig auf den konzentrieren, der einem gegenübersitzt. Die Welt umher muss gewissermaßen versinken, ja, Ihr Gesprächspartner muss wirklich den Eindruck gewinnen, mit Ihnen allein auf der Welt zu sein. Das ist durch vorgetäuschtes Zuhören nicht zu erreichen – vor allem Frauen merken sofort, wenn einer mit seinen Gedanken in Wirklichkeit ganz woanders ist. Die Aufmerksamkeit des Zuhörenden muss vielmehr so weit gehen, dass er nicht nach den ersten drei Sätzen des anderen schon die eigene Antwort im Kopf vorformuliert. Dass er nicht unruhig darauf wartet, mit seiner Gegendarstellung zum Zug zu kommen. Dass es ihm nicht darum geht, mit seiner Antwort zu glänzen und seine Schlagfertigkeit unter Beweis zu stellen – oder den anderen so schnell wie möglich wieder loszuwerden. Seine Aufmerksamkeit muss so weit gehen, dass er ganz Schwamm, ganz Aufnahmefähigkeit, ganz innere Ruhe wird, lediglich registriert, auf jedes Wort achtet, den anderen aussprechen lässt und bis zum letzten Wort zuhört. Erst dann kann man sicher sein, nichts überhört zu haben, erst dann lohnt es sich überhaupt, nun seinerseits darauf einzugehen. Und erst dann stellt sich die suggestive Wirkung intensiven Zuhörens ein.

Diese Wirkung besteht darin, dass ich mit meiner Konzentration den anderen ebenfalls zur Konzentration zwinge, mit dem Ergebnis, dass er sich knapper fasst, plötzlich die richtigen Worte findet, sich unbefangener und verständlicher erklärt und Zusammenhänge von selbst erkennt. Im besten Fall kommt ihm sein Problem beim Sprechen unversehens abhanden, ohne dass der Zuhörende auch nur ein Wort geäußert hätte. Zuhören kann bis zu dem Maße inspirierend sein, dass dem Sprechenden noch während seiner Rede all das einfällt und aufgeht, was ihm bis dahin rätselhaft und unentwirrbar schien. Wenn jemand zu mir kommt, der etwas auf dem Herzen hat, lasse ich ihn reden, höre zu, und oft brauche ich selbst dann gar nichts mehr zu sagen. Meistens heißt es irgendwann: «Ach, weißt du was? Ich glaube, so tragisch ist das gar nicht.» Oder: «Eigentlich sollte ich das und das machen.» – «Du hast recht», lautet mein einziger Kommentar zu einem solchen Gespräch, zu dem ich außer konzentrierter Aufmerksamkeit nichts beigesteuert habe.

Eine weitere Wirkung genauen Zuhörens: Ich erfahre viel mehr. Ich komme auf diese Weise hinter Sachverhalte, die dem Sprecher selbst gar nicht bewusst sind. Oder ich merke, dass er einem bestimmten Punkt aus dem Weg geht, dass er Entscheidendes nicht bedacht hat, dass sein Problem im Grunde ganz woanders liegt. Wie man zwischen den Zeilen lesen kann, so kann man auch zwischen den Wörtern hören, und dann muss man das Unausgesprochene – nicht die Lösung! – nur noch zur

Sprache zu bringen. Bei intensivem Zuhören bekommt man jedenfalls unendlich viel mehr mit, als wenn man nur mit einem Ohr hinhören würde, es bringt einen auch auf die richtigen Fragen. Und selbst wenn für den Moment keine Lösung in Sicht sein sollte, wird der andere nach einem solchen Gespräch doch zumindest mit sich und der Welt im Reinen sein. Er weiß ja jetzt: Dort, hinter dieser Tür, sitzt einer, der mit sich reden lässt. Obwohl – oder gerade weil derjenige während des ganzen Gesprächs kaum etwas gesagt hat.

Man tut sich als Vorgesetzter also selbst keinen Gefallen, wenn man im Gespräch die Ohren auf Durchzug stellt oder gelangweilt vor sich hinstarrt, womöglich mit dem Kugelschreiber spielt, in seinen Papieren blättert, mitten im Gespräch plötzlich aufblickt mit der stummen Frage im Gesicht, ob der andere nicht bald fertig ist, oder auf irgendeine andere Art zu erkennen gibt, dass man die Unterhaltung für eine lästige Unterbrechung seines Tagesprogramms hält. Es geht im Gespräch eben nicht nur um verwertbare Informationen, und Zuhören ist ein ebenso wirkungsvolles Führungsinstrument wie Reden. Allerdings muss man besondere Anstrengung darauf verwenden. Zuhören will gelernt und immer wieder geübt sein. Es ist eine Askese im wahren Sinne des Wortes, nämlich eine kontinuierliche Übung in Geduld. Mir jedenfalls geht es so.

Eigentlich kann ich zuhören. Aber ich habe festgestellt, dass es mir im Lauf der Jahre immer schwerer gefallen ist, nicht dazwischenzureden. Man hat schon so vieles gehört, und so vieles läuft nach Schema F – oft bin ich schon nach den ersten zwei Sätzen drauf und dran, einem ins Wort zu fallen, weil ich genau zu wissen meine, was er sagen will; und während der andere noch mehr oder weniger umständlich sein Problem schildert, bin ich schon dabei, es zu lösen. Wenn mir das auffällt, sage ich mir: «Halt! Ob du das jetzt schon kennst oder nicht, spielt keine Rolle. Es geht nicht darum, einem schnell die Lösung auf die

Nase zu binden und ihn dann flugs zu entlassen. Du erlebst mit diesem Menschen gerade eine neue, einzigartige Situation, lass ihn reden, sonst verfällst du in den gleichen Fehler wie damals in der Schule in Südamerika – du verkennst die Besonderheit der Situation mit all den menschlichen Erwartungen und Bedürfnissen, die sie kennzeichnen.» Ein Vorgesetzter muss sich in diesem Punkt also ständig prüfen und kontrollieren. Es ist eben nicht leicht, über viele Jahre hinweg eine Führungsposition zu bekleiden und mit der alten Frische und Unbefangenheit an die Arbeit zu gehen, so, als besäße man noch die Neugier und Empfänglichkeit des Anfängers.

Askese, Geduld, Zurückhaltung, innere Distanz zu den Dingen – letzten Endes ist es vielleicht die größte Herausforderung für jeden Manager, im kräftezehrenden Arbeitsalltag permanent eben diese Tugenden aufzubringen, von denen in unserem Buch auch an anderer Stelle oft die Rede war. In besonderem Maße sind all jene dieser Zerreißprobe zwischen äußerer Hektik und gebotener Gelassenheit ausgesetzt, die nicht von Sekretärinnen und Assistenten abgeschirmt werden, also das mittlere Management. Unentwegt werden sie mit Unverhofftem konfrontiert, laufend unterbrochen oder abgelenkt, permanent müssen sie verfügbar und fast grenzenlos belastbar sein, sollten trotzdem keine Anzeichen von Ermüdung zeigen und selbstverständlich auch nicht vor dem Risiko zurückschrecken, dass jeder Fehler eine Kettenreaktion auslösen könnte. Eine enorme Belastung. Vergessen wir aber nicht, dass es oft gar nicht die Arbeit selbst ist, die einen überfordert, dass es oft vielmehr die Folge gravierender Managementfehler im Bereich der Menschenführung ist. Da kann man als Führungskraft beispielsweise versucht sein, so viel wie möglich selbst zu machen – sei es aus Misstrauen gegenüber seinen Mitarbeitern, sei es aus Selbstüberschätzung –, sich eine Aufgabe nach der anderen aufladen und für die eigentlichen Führungsaufgaben kaum mehr Zeit finden. Oder man lässt die Dinge schleifen und muss dann plötzlich selber ran, soll die Arbeit noch rechtzeitig fertig werden. Reißt das ein, hastet man nur noch von einem Abgabetermin zum nächsten, bekommt nicht mehr mit, was links und rechts geschieht, und weil man schon wieder mit anderen Dingen beschäftigt ist, warten die Mitarbeiter vergeblich auf ein Feedback. Schaukelt sich das auf, ist die Abteilung nicht mehr zu steuern und man selbst mit seinem Latein am Ende.

In unseren Klöstern hat die Belastung der Oberen andere Ursachen, aber ähnliche Auswirkungen. Benedikts Idealbild des Abts leitete sich nicht zuletzt vom römischen *pater familias* her, einem Familienvater, wie man ihn heute noch in Rom antreffen kann: seiner Autorität bewusst, ist er doch durchaus bereit, seine Kinder großzügig in Familienentscheidungen einzubeziehen. In den Zeiten der Wiederbelebung des Mönchstums im 19. Jahrhundert herrschte dann ein religiös verbrämter Absolutismus in den Klöstern vor. Und heute erfahren die Äbte einen nie gekannten Widerstand, weil die Mönche sagen: «So kann man mit uns nicht umspringen, wir sind erwachsene Menschen.» Mit anderen Worten: Ein Abt muss seine Entscheidungen heute rechtfertigen. Er kommt nicht mehr sehr weit damit, auf seine Autorität zu pochen. Das kann mit der Zeit sehr zermürbend sein. Zu berücksichtigen ist auch, dass sich die Mönche immer dann an ihren Abt wenden, wenn es Schwierigkeiten gibt. Die Äbte entwickeln dadurch leicht ein verzerrtes Wirklichkeitsbild, sehen nur noch Probleme und bemerken kaum noch, wie reibungslos vieles läuft. Obendrein belasten sie die menschlichen Enttäuschungen, wenn Mönche austreten, auf die sie gezählt haben und von denen sie vielleicht hintergangen wurden – es gibt ja nicht nur Heilige unter den Mitbrüdern. Der menschliche Faktor spielt bei uns eben eine sehr viel größere Rolle als in der Wirtschaft, dennoch sehe ich die Lösung für all diese Probleme – wie in den Unternehmen auch – darin, alle Beteiligten zu integrieren und immer wieder zu animieren, zu motivieren, zu stimulieren und alles daranzusetzen, ein gemeinschaftliches Verantwortungsgefühl zu wecken.

Ich selbst werde – wie eingangs bereits erwähnt – mit der Arbeit niemals fertig. Da geht es mir wie jenem Abt des 19. Jahrhunderts, der seinem Tagebuch anvertraute: «Heute wieder zu nichts gekommen. Lauter Gäste gehabt.» Dass einem die Arbeit immer nachläuft, ist also auch bei uns ein Dauerbrenner. In meinem Fall hat das allerdings weniger mit den Gästen zu tun – die sich gleichwohl in Sant'Anselmo zahlreich einstellen –, als vielmehr mit den ständigen Unterbrechungen, der Unmöglichkeit, kontinuierlich zu arbeiten. Eben habe ich mir vorgenommen, endlich die Korrespondenz zu erledigen, da erscheint der Verwalter mit der Schreckensnachricht, dass unsere Bauplanung zu scheitern droht, weil bei den Ausschachtungsarbeiten gerade antike Mosaike freigelegt wurden. In Rom bedeutet das: Baustopp auf unabsehbare Zeit. Die Hoffnung auf einen zügigen Fortgang der Arbeiten ist damit zerplatzt. Jetzt muss ich den Mann zunächst einmal seelisch wieder aufrichten, dann mit ihm zusammen einen Ausweg suchen, und wenn wir schließlich beide zu der Überzeugung gelangt sind, dass sich die Katastrophe doch noch abwenden lassen könnte, wartet die Korrespondenz immer noch auf mich. Schlimmstenfalls ziehe ich jetzt die Notbremse und sage mir: «Schluss! Du hebst das Telefon nicht mehr ab. Und keine Antwort wird länger als vier Zeilen!» Nützt aber auch das nichts mehr, nun, dann staue und schachtele ich alles auf meinem Schreibtisch irgendwie zusammen, ohne Rücksicht auf eine Ordnung, nur damit es besser ausschaut und mir erleichtert, irgendwann doch ins Bett zu gehen.

Als gestresster Abtprimas habe ich allerdings einen großen Vorteil gegenüber dem weltlichen Führungspersonal, denn bei uns im Kloster ist die Zeit eingeteilt und strukturiert. Viermal am Tag unterbreche ich meine Arbeit für das Chorgebet in unserer

Abteikirche. Diese halbe Stunde jeweils gehört Gott, aber sie gehört auch mir. Es sind jene Phasen des Tages, in denen ich nicht unter Druck stehe, in denen ich Abstand gewinnen und durchatmen kann. Viermal am Tag steige ich aus und erlebe das wunderbare Gefühl der Freiheit im schlimmsten Stress. Und noch etwas erleichtert mir die Arbeit: Ich bin nicht vom schnellen Erfolg abhängig. Erfolgserlebnisse fallen bei mir als Sekundäreffekte ab, Misserfolge dagegen erkenne ich nicht als solche an, weil ich weiß: Gott wird den Erfolg zu seiner Zeit schon schenken. Ich brauche mich daher durch Fehlschläge nicht entmutigen zu lassen.

Manager haben diese Freiheit nicht – und zahlen für ihren Einsatz bisweilen einen hohen Preis. Jahrelang haben sie geglaubt, dieses aufreibende Leben allein mit Intellekt und Willenskraft zu bewältigen, haben nach dem Motto gelebt: «Ich überarbeite mich, also bin ich», und müssen plötzlich feststellen, dass Körper und Seele nicht mehr mitmachen. Sie sind ausgebrannt. Mein letzter Rat an Führungskräfte aus Wirtschaft und Politik lautet deshalb: Suchen Sie sich einen Ausgleich. Aber nicht nur eine vorübergehende Ablenkung, nicht bloß ein Hobby, sondern etwas, das wirklich von Gewicht in Ihrem Leben ist – ich denke da vor allem an ein Familienleben, das diesen Namen verdient. Und wenn einen die Arbeit dennoch zu verschlingen droht, gibt es immer noch Klöster, in die man sich für Tage oder Wochen als Mönch auf Zeit zurückziehen kann – eine wunderbare Möglichkeit, wieder zur Besinnung zu kommen und sich selbst noch einmal von einer ganz anderen Seite kennenzulernen.

Allein die äußere Ruhe in einem Kloster ist wohltuend. Ruhe zu finden, das ist der erste Schritt aus der Besinnungslosigkeit. Bei allen weiteren Schritten sollte dann ein erfahrener Mitbruder den Mönch auf Zeit begleiten, denn die Ruhe bringt einen zum Nachdenken. Oft tauchen Selbstzweifel auf, wenn es still um einen wird, und das Leben sieht mit einem Male ganz anders aus. Manche erschrecken, wenn sie plötzlich mit sich selbst konfrontiert sind, oder erleben, wie nach einer Weile Wünsche und Träume in ihnen aufsteigen, die durch die Zwänge des Berufs bis dahin unterdrückt wurden. Dann ist es gut, jemanden zur Seite zu haben, mit dem man reden kann, der einen auch behutsam infrage zu stellen versteht. So wird man vielleicht etwas lernen, was die wenigsten heute noch gewohnt sind, nämlich sich selbst auszuhalten. Und vielleicht stellt sich am Ende ein Perspektivwechsel ein, vielleicht werden Maßstäbe zurechtgerückt und längst Vergessenes erhält neue Bedeutung. Mit wahrer Souveränität wird dann derjenige ins Berufsleben zurückkehren, der keine Angst mehr vor dem Machtverlust hat.

Ich selbst gehe hin und wieder hinüber zur Kirche Santa Sabina, keine zweihundert Meter von Sant'Anselmo entfernt – eine der frühen Kirchen Roms, eine Basilika aus dem 5. Jahrhundert. Dort befindet sich ein alter Marmorsarkophag mit einem eingemeißelten Spruch, der mir gut gefällt: «Ut moriens viveret, vixit ut moriturus – Damit er als Sterbender lebe, lebte er wie ein Sterbender.» Etwas salopper ausgedrückt könnte man sagen: Macht euch beizeiten klar, dass alles wieder auf die Erde zurückfällt. Das Geld geht an die Nachkommen, der Titel hängt am Grabstein, die Anzüge wandern zur Caritas und der Rest vermodert. Natürlich werden ältere Leute für diese Sichtweise empfänglicher als junge sein; wer sich diese Weisheit jedoch einmal zu eigen gemacht hat, dem vergeht die Lust daran, sich in Äußerlichkeiten zu verkrallen. Die Lust am Leben aber bleibt ihm.

■ 12 ■ MUT ZUM WIDERSTAND
Was von Erziehern erwartet wird

Abtprimas Notker Wolf

Ich zögere, von der Kunst der Menschenführung im Bereich der Wirtschaft, der Politik nun ohne Weiteres zu Erziehungsfragen überzugehen. Ich zögere, weil mir die Probleme anderer Art zu sein scheinen, auch wenn Eltern und Lehrer im Grunde genauso vor der Aufgabe stehen, das Beste aus denen herauszuholen, die ihnen anbefohlen sind, wie Führungskräfte in Betrieben und Behörden. Doch: In Wirtschaft und Politik gibt es einigermaßen klar umrissene Ziele, an denen sich die Mittel letztlich ausrichten. Auch die Notwendigkeit geeigneter Führungsstrategien ist unbestritten, und ihr Nutzen liegt auf der Hand. In der Erziehung, wie wir sie heute erleben, scheinen mir die Ziele hingegen unklar, ihre Notwendigkeit generell infrage gestellt und die Mittel deshalb beliebig zu sein. In den Familien und an den Schulen herrscht eine Unsicherheit, die noch dadurch vergrößert wird, dass sich der Nutzen von Erziehungsmaßnahmen erst nach Jahren herausstellt.

Es dürfte sich daher lohnen, zunächst einmal die Ausgangslage zu betrachten. Ein Lehrer, der seit dreißig Jahren im Schuldienst ist, einer der engagierten, einsatzfreudigen, hat sie mir so beschrieben: «Mittlerweile müssen wir uns fast mehr um die Eltern als um die Kindern kümmern», sagte er. «Warum? Weil Eltern heute entweder zu viel oder zu wenig tun. Entweder vernachlässigen sie ihre Kinder oder sie erdrücken sie und nehmen ihnen durch ihre ständige Sorge die Luft zum Atmen. Bei den einen werden die Kinder sich selbst überlassen, bei den anderen dürfen sie keinen unbeobachteten, unbewachten Schritt machen. In vielen Fällen gibt es überhaupt keine innere Verbindung mehr zu den Kindern. Meine Elterngespräche drehen sich daher oft darum, den Müttern und Vätern ein vernünftiges Verhältnis zu ihren Kindern nahezulegen. Ihnen zu erklären, dass es genauso falsch ist, sie auf Schritt und Tritt zu bemuttern, sie überall hinzufahren und alles für sie zu organisieren, wie sie aus falsch verstandener Freiheit einfach sich selbst zu überlassen.»

Er hatte diese Beobachtungen leidenschaftlich vorgetragen, mit einem Unterton von Resignation. Nicht, dass er Zweifel am guten Willen der Eltern seiner Schüler gehabt hätte. Aber wie viele seiner Kollegen hatte er erlebt, wie das Pendel zwischen erzieherischem Übereifer und Vernachlässigung in den letzten drei Jahrzehnten immer weiter ausgeschlagen war, und sein Fazit lautete: Maßlosigkeit aus Ratlosigkeit. Ich selbst hatte als Erzabt von Sankt Ottilien ähnliche Erfahrungen gemacht. Wie etliche der alten Benediktinerklöster Bayerns haben auch wir eine Schule, ein Gymnasium, und schon vor Jahren erwähnte unser Schulleiter im Gespräch, die meisten der Schüler seien übererzogen, überbehütet, überversorgt. «Vormittags», sagte er, «werden sie in der Schule erzogen, und nachmittags meinen die Eltern, die am Vormittag versäumte Erziehung nachholen zu müssen. Gleichzeitig aber erfüllen sie ihren Kindern jeden Wunsch, ersparen ihnen alles, was sie als Zumutung empfinden könnten, und kennen gegenüber den Ansprüchen ihres Nachwuchses nur eine Reaktion: nachgeben, nachgeben, nachgeben.» Anderthalb Jahrzehnte mag dieses Gespräch zurückliegen. Und auch ich habe damals den Schluss gezogen: Maßlosigkeit aus Ratlosigkeit.

Erstaunlicherweise finden die besorgniserregenden Erfahrungen von Lehrern, Pädagogen, Erziehern und Psychologen kaum einen Widerhall in der öffentlichen Debatte. Wo bleiben die neuen Ideen, die Eltern geeignete Ziele, Ideale und Grundsätze für eine menschengerechte moderne Erziehung an die Hand geben? Die klugen, guten Ideen? Oder auch die klugen falschen Ideen, wie sie seinerzeit aus dem antiautoritären Versuchslabor von Summerhill kamen? Ideen, mit denen man sich auseinandersetzen, für oder gegen die man leidenschaftlich streiten könnte? Stattdessen Funkstille. Hin und wieder entlädt sich ein allgemeines Unbehagen in einer fruchtlosen Wertediskussion, angestoßen von Politikern, die nach ein paar rhetorischen Scharmützeln wieder zur Tagesordnung übergehen. Ansonsten macht sich eine Schicksalsergebenheit breit, die alle Züge einer Kapitulation vor den Verhältnissen trägt. Der Lauf der Dinge sei nicht aufzuhalten, heißt es, die Entwicklung unumkehrbar, man lebe eben heute nach Gutdünken und müsse sich und seine Maßstäbe der jeweiligen Entwicklung anpassen – zu kritisieren gebe es da nichts, die Freiheit gehe allemal vor. Nachgeben heißt die Devise, kaum dass ein neues Bedürfnis, ein neuer Trend auftaucht, und wer sich sträubt, wer sich nicht widerstandslos mit der Beliebigkeit aller Werte abfinden will, der wird von den Ewig-Heutigen zum Ewig-Gestrigen erklärt.

Also alles hinnehmen? Bloß nicht von einer Krise sprechen? Die Ratlosigkeit zur Regel erheben? Ich will noch einmal auf das Gespräch mit dem eingangs zitierten Lehrer zurückkommen. «Was wir erleben», sagte er, «läuft auf eine Erziehung zur Unselbständigkeit hinaus. Dahinter steckt meiner Ansicht nach die nackte Angst. Wenn ich mit Eltern rede, habe ich oft den Eindruck: Alles kann für sie in eine Katastrophe münden. Alles wird mit einem erschrockenen ‹problematisch, problematisch› kommentiert. Und von allen Seiten wird die Angst geschürt. Offenbar gibt es kein Vertrauen mehr – weder ein gesundes Selbstvertrauen noch das, was man früher mit Gottvertrauen gemeint hat, also die grundsätzliche Annahme, dass das Leben es gut mit einem meint.»

Und auch das kenne ich, dieses Misstrauen gegenüber dem Leben. Mit einer merkwürdigen Mischung haben wir es da zu tun. Auf der einen Seite ein lähmender Fatalismus, der sich jede gesellschaftliche Entwicklung als notwendige Folge der Freiheit erklärt und schönredet, und auf der anderen Seite der Verdacht, das Leben könne uns um alles, was wir uns davon versprechen, betrügen. Resignation und Angst, daraus scheint sich mir die Grundhaltung zusammenzusetzen, mit der viele Eltern an die Erziehung herangehen, und ich möchte auf diese Disposition näher eingehen.

Eine kleine Geschichte vorweg. Ein Mitbruder in Sankt Ottilien betreute seinerzeit eine Gruppe verwaister Eltern, also Mütter und Väter von Kindern, die sich das Leben genommen hatten oder bei einem Unfall getötet worden waren. Eine Katastrophe war über diese Eltern hereingebrochen – umso mehr, als es oft ihr einziges Kind gewesen war –, und mein Mitbruder nahm sich der Verzweifelten über Jahre hinweg an. Dabei machte er die Erfahrung, dass viele für Trost unerreichbar waren. «Das Schlimme ist, dass es für die meisten kein Jenseits mehr gibt», sagte er mir. «Dass sie das diesseitige Leben nicht mehr in einem größeren Zusammenhang verstehen und alles für sie nur einen Sinn hat, soweit es sich im Diesseits erfüllt. Verweigert das Diesseits ihnen diese Erfüllung, verliert das Leben restlos seinen Sinn.»

Unter extremen Bedingungen tritt hier meines Erachtens etwas zutage, was das Lebensgefühl der großen Mehrheit durchgehend grundiert: das bange Gefühl, es stehe ständig alles auf dem Spiel, das ganze Lebensglück, der ganze Lebenssinn. Vor diesem Hintergrund erhält das Nebensächlichste die größte Bedeutung, kann sich das Harmloseste zur existenziellen Bedrohung auswachsen. Anders gesagt: Wir erwarten von unserem irdischen Leben das Unmögliche, nämlich alles zu sein. Und jetzt verübeln wir ihm, dass es ist, wie es ist. Dass es riskant, unberechenbar und begrenzt ist, dass es uns um die ewige Jugend betrügt und um die Erfüllung all der maßlosen Wünsche, mit denen wir an das Leben herantreten, und letzten Endes um unsere Unsterblichkeit. Mit einem solchen Leben kann man sich natürlich nicht abfinden, grundsätzlich nicht, das muss, wenn wir ihm überhaupt noch über den Weg trauen sollen, umfassende Sicherheitsgarantien bieten. Die helfen zwar nicht gegen das Grundübel des Lebens, endlich zu sein, erleichtern uns aber, dieses Grundübel zu ignorieren.

Und nun geschieht das Erstaunliche: Das Misstrauen gegenüber dem Leben wächst in dem Maße, in dem wir uns gegen die Lebensrisiken abzusichern suchen. Je sicherer unsere Welt wird, desto gefährlicher erscheint uns das Leben, desto mehr greift die Angst um sich. Irgendetwas ist schiefgelaufen. Irgendwo haben wir einen Denkfehler gemacht. Dieser Denkfehler springt regelrecht ins Auge, wenn wir unsere Gemütsverfassung mit der von Menschen außerhalb Europas vergleichen. Ich habe auf meinen Reisen nach Afrika oder Lateinamerika oft Gelegenheit dazu und stelle fest: Den Menschen dort fällt es sehr viel leichter als uns, unbeschwert zu sein, obwohl sie nicht in der Illusion unbegrenzter Möglichkeiten leben, sondern mit realistischen, bescheidenen Erwartungen an das Dasein herangehen, obwohl sie nicht die Augen davor verschließen können, dass es eine riskante Angelegenheit ist, vom ersten Schrei des Neugeborenen bis zum letzten Seufzer des Sterbenden. Ich sage mir: Wahrscheinlich machen sie genau deshalb immer wieder die Erfahrung, dass das Leben es gut mit ihnen meint. Sie sind gezwungen, ihm zu vertrauen, und daher fähig, eine Haltung der Dankbarkeit zu entwickeln. Und diese Dankbarkeit – davon bin ich überzeugt – ist die entscheidende Voraussetzung für ein glückliches Leben.

Diesen existenziellen Realismus hält man allerdings nur durch, wenn sich der Sinn des Lebens nicht im Leben erschöpft. Wer die Erfüllung aller seiner Wünsche im Diesseits erwartet, dem droht unentwegt der Absturz in die Sinnlosigkeit. So gesehen ist unsere verzagte Gesellschaft das Produkt eines Fortschritts, der den Glauben an ein Jenseits, der auf Hoffnung beruht, durch einen Glauben an das Diesseits ersetzt hat, der auf Illusion und Verdrängung beruht – wir wollen nun nicht mehr wahrhaben, dass das Leben in jeder Hinsicht begrenzt ist. Und aus dieser Verzagtheit heraus erklärt sich für mich auch der moderne Fatalismus, nämlich als Wunsch, dann wenigstens alles gierig aufzusaugen, mitzunehmen und auszuprobieren, was gerade auf dem Markt der Sensationen gehandelt wird. Unter diesen Umständen gilt der als tolerant, der sich mit der Rolle des gleichgültigen Zuschauers abfindet. Wer jedoch daran Anstoß zu nehmen wagt, wird als Spielverderber empfunden und mit dem Vorwurf der Antiquiertheit zum Schweigen gebracht.

Wie es aussieht, haben wir uns in einen Teufelskreis hineinmanövriert: Das Misstrauen gegenüber dem Leben führt zur Kapitulation vor den Verhältnissen, und der moderne Fatalismus schürt die Angst, in diesem Leben nicht auf seine Kosten zu kommen. Erziehung ist unter diesen Umständen schwierig geworden. An welchem Menschenbild sollen Eltern ihre Erziehung ausrichten? Welche Ziele sollen sie dabei verfolgen? Und an welchen Idealen sollen sie sich als Eltern orientieren? Eine Gesellschaft, die ihren eigenen Entwicklungsstand zum moralischen Ausgangspunkt macht, hilft ihnen nicht weiter, denn deren Werte sind schwankend, wahllos, beliebig – und abhängig von dem, was Medien, Unterhaltungsindustrie und Werbung jeweils als Wirklichkeit inszenieren und in die Köpfe hineinpauken. Von der öffentlichen Debatte aber dürfen sie sich ebenso wenig versprechen, denn der Schrei nach Orientierung, der gelegentlich laut wird, ist gar nicht ernst gemeint. Er ist ein Ausdruck der Hilflosigkeit, aber kein Indiz für den Willen zur Abkehr vom ziellosen Individualismus. Was würde es denn bedeuten, die Sehnsucht nach Orientierung tatsächlich ernst zu nehmen? Es würde bedeuten, zunächst einmal verbindliche Leitbilder und Ziele anzuerkennen, und davon ist eine Gesellschaft, die moralische Grundsätze, Glücksvorstellungen und Werte ins Belieben jedes Einzelnen stellt, weit entfernt.

Nun bietet sich Eltern heute ein verführerischer Ausweg aus diesem Dilemma: der Glaube an die Natur und die natürliche Gutmütigkeit des Menschen. Dieser Glaube hat im selben Maße um sich gegriffen, in dem unser Vertrauen zur eigenen Kultur geschwunden ist und unsere kulturellen Werte an Überzeugungskraft eingebüßt haben, und seine Verfechter stellen die Notwendigkeit von Erziehung ganz generell in Abrede – da der Mensch von Natur aus gut sei, könne er durch Erziehung nicht besser werden. Und der Erfolg dieser Idee ist nicht zu bestreiten. Heute ist die Natur als letzte unanfechtbare Größe in unserem Denken fest etabliert, und wer in einer Wertedebatte die Natur ins Feld führt, darf sicher sein, auf keinen ernsthaften Widerstand mehr zu stoßen. Schon die Achtundsechziger hatten auf die Natur gesetzt, als sie den Lustgewinn zur Leitidee menschlichen Handelns erklärten und dabei in der Natur jene ewige Größe erblickt, die über jeden Verdacht von Willkür und Manipulation erhaben ist. Seither gilt als gut, was möglichst wenige Spuren kultureller Einflussnahme aufweist, und viele Eltern wünschen sich ihre Kinder nicht anders als ihre Lebensmittel: ökologisch unbedenklich und weitestgehend naturbelassen. Die beste Erziehung wäre demnach jene, die gar nicht mehr in die Willensbildung und die moralische Entwicklung der Kinder eingreift, sondern ihre unschuldigen natürlichen Charakteranlagen ungestört zur Entfaltung kommen lässt.

Die Natur also als heilsame Gegenmacht zu einer verdorbenen Kultur? Auch das ist nicht wirklich ernst gemeint. Die Erfahrung zeigt: Die Natur ist auch für die Verfechter dieses Glaubens nur so lange gut, wie sie uns mit Trieben ausstattet. Sobald sie uns mit einer krummen Nase, einem kleinen Busen oder schiefen Zähnen ausstattet, ist sie schlecht und muss korrigiert werden. Unser Verhältnis zur Natur ist mithin so ambivalent wie eh und je; dennoch gibt es einen gewaltigen Unterschied zwischen der traditionellen und der modernen Naturauffassung. In der zweiten Hälfte des letzten Jahrhunderts hat nämlich ein Wandel in der Einschätzung dessen eingesetzt, was in den Bereich der Natur und was in den der Kultur fällt, wo der Mensch gestaltend eingreifen darf und wo er sich größte Zurückhaltung auferlegen muss. Dieser Wandel ist so fundamental, dass ich kurz darauf eingehen möchte.

In der traditionellen abendländischen Auffassung war alles Schicksal, was mit dem menschlichen Körper zu tun hatte. Das heißt, man musste diesen Körper als natürliche Gegebenheit hinnehmen, so wie er war, mit seinen Makeln, seinen Schwächen, seinen Grenzen, den natürlichen Fruchtbarkeitszyklen wie dem natürlichen Alterungsprozess unterworfen, jederzeit von Krankheit und Tod bedroht, als Produkt einer Natur eben, die im moralischen Sinne weder gut noch schlecht ist, wohl aber durch und durch sinnvoll, Ausdruck einer höheren Vernunft – weshalb die Kirche zu allen Zeiten bestrebt war, diese Natur mit ihren Normen und Gesetzmäßigkeiten vor menschlicher Überheblichkeit zu schützen. Der geistig-seelische Bereich hingegen, also alles, was mit Charakter und Individualität zu tun hat, war nach traditionellem Verständnis kein unabänderliches Schicksal, er unterlag vielmehr dem kulturellen Einfluss. In diesem Bereich konnte der Mensch geformt, verfeinert und weiterentwickelt werden, weshalb hier jede Anstrengung geboten war, die jeweiligen Anlagen zu vervollkommnen und seelisch wie geistig immer weiter über sich hinauszuwachsen. Letztlich lief diese Kultivierung darauf hinaus, den Leib und seine Instinkte durch geistige Kräfte zu bändigen.

Die Umwälzung des letzten halben Jahrhunderts hat dieses Verhältnis auf den Kopf gestellt. Sie hat dazu geführt, dass nicht mehr der Leib, sondern Charakter und Individualität als Schicksal betrachtet werden. Alle Anstrengungen einer technischen

Kultur zielen heute auf den Körper und die Überwindung seiner natürlichen Gesetzmäßigkeiten, wohingegen die unantastbare Natur im geistig-seelischen Bereich ihre Zuflucht gefunden hat. In letzter Konsequenz muss diese Entwicklung die Bankrotterklärung jeder Erziehung zur Folge haben, denn der Natur lassen sich weder moralische noch kulturelle Maßstäbe abgewinnen. Sie bietet Erziehern keinerlei Orientierung, sie erlaubt im Grunde bloß noch ein resigniertes Gewährenlassen. Meines Erachtens ist dieser Glaube an eine gütige Natur also ein großer Irrtum, ein Irrweg, den wir aus Kleinmut und Selbstzweifel beschritten haben. Er hat nur einen, allerdings sehr bedenklichen Vorzug: Er verschafft Eltern, die ihren Kindern alles durchgehen lassen, das perfekte Alibi – sollten diese Kinder später Probleme machen, trifft sie als Eltern jedenfalls keine Schuld. Mit anderen Worten: Der Glaube an die Natur erlaubt Eltern, sich guten Gewissens aus ihrer Erziehungsverantwortung zu stehlen.

Nein, auch Kinder sind keine Unschuldsengel. Im Zuge ihrer Entwicklung müssen sie mit einer Kultur konfrontiert werden, die hohe Ansprüche an ihre seelischen und geistigen Kräfte stellt, und bedürfen dazu der Hilfe und Anleitung selbstbewusster Erwachsener. Erziehung ist deshalb keineswegs überflüssig. Aber ist sie überhaupt noch möglich in einer Zeit des Fatalismus, der Ratlosigkeit, der Angst, der Naturschwärmerei? Diese Frage stellt sich in der Tat. Ich bin optimistisch und würde antworten: Ja, sie ist nach wie vor möglich, aber nur als Widerstandshandlung, nur als bewusste, mutige Abgrenzung von den gängigen Irrtümern wie von der fatalistischen Gleichgültigkeit. Mehr denn je kommt es daher in der Erziehung auf die Persönlichkeit des Erziehers an. Mütter und Väter – und Lehrer – müssen sich als wirkliche Führungspersönlichkeiten verstehen, die ihre Ideale auf eigene Rechnung verkörpern und vorleben, ohne mit Rückendeckung durch die Gesellschaft rechnen zu dürfen. Und sie müssen ihre moralische Vorbildfunktion auch dann noch ernst nehmen, wenn moralische Vorbilder allgemein der Lächerlichkeit preisgegeben werden. Das ist eine enorme Herausforderung, aber eine andere Lösung kenne ich nicht. Werte und Tugenden lassen sich nun einmal nicht herbeidiskutieren, sie lassen sich auch nicht im Ethikunterricht vermitteln, sie müssen von Kindern als gelebte Kultur erfahren werden – wenn nirgendwo sonst, dann wenigstens in Elternhaus und Schule.

Denn Kinder brauchen nichts nötiger als Vorbilder und Ideale. Sie sind ja immer auf der Suche nach Vorbildern, sie saugen Vorbilder buchstäblich auf und lernen, wachsen, reifen, indem sie Erwachsene imitieren. Und sie begeistern sich für Ideale, früher wie heute. Mein erster Rat an Erzieher lautet deshalb: Setzen Sie auf die Begeisterungsfähigkeit Ihrer Kinder. Bringen Sie Ihre Töchter und Söhne durch Ihr eigenes Vorbild auf den Geschmack von Werten wie Aufrichtigkeit und Wahrhaftigkeit. Als junger Mensch ist man ein Bündel von Möglichkeiten und begierig darauf, Vorbilder zu erleben, in denen die besten Möglichkeiten konkrete Gestalt annehmen. Aha, wird sich ein Kind dann sagen, eine solche Verkörperung von Tugenden gibt es tatsächlich, so könnte es aussehen, wenn man seine Ideale verwirklicht, so etwas wie dieser Mensch könnte dabei herauskommen. Solche Erlebnisse animieren, begeistern, setzen Kräfte frei – und wecken die Neugier auf sich selbst. Ein Kind muss sich ja selbst entdecken. Es muss sich seiner eigenen Kräfte und Fähigkeiten allmählich innewerden und stets aufs Neue die Erfahrung machen, dass es nicht immer schon gut und fertig ist, sondern täglich ein kleines Stück über sich hinauswachsen kann. Was schlummert nicht alles in einem jungen Menschen, was gibt es da nicht alles für Erzieher zu wecken und für Kinder selbst zu entdecken! Und all dies entzündet sich am ehesten am Vorbild der Menschen, denen ein Kind begegnet.

Lassen Sie mich nur ein Beispiel für die enorme Wirkung von Vorbildern in Erinnerung rufen: den verstorbenen Papst Johannes Paul II. Mit seiner Geradlinigkeit und Ehrlichkeit hat er sich als Vorbild auch gegen die medialen Trendsetter behauptet, die einer verzagten Gesellschaft diktieren wollen, was sie zu tun und zu denken hat. So jemand erregt Aufsehen und wird geliebt, auch wenn man seine Ansichten nicht unbedingt teilt, so jemand vermag die Sehnsucht nach Wahrhaftigkeit zu wecken. Menschen wie Johannes Paul II. sind in sich schlüssig, sie brauchen ihr Handeln nicht zu begründen, sie überzeugen auf Anhieb. Dieser Papst hat sich aber auch deshalb als Bild eines exemplarischen Menschen eingeprägt, weil er keinen Hehl aus seinem körperlichen Verfall gemacht hat. Seine Auftritte gegen Ende seines Lebens hatten fast exhibitionistische Züge, erzielten aber die beabsichtigte Wirkung, nämlich das verdrängte Leiden wieder sichtbar zu machen. Man hatte ihm gern applaudiert, als er der überschäumend vitale Papst war, jetzt sollten die Leute auch erleben, wie es mit einem bergab gehen kann. Bis zum Schluss hat er die Haltung eines Menschen bewahrt, der mit seinem herannahenden Tod fertig wird, und dieses Ja zum Leben, selbst wenn es aus Schmerzen und Leid besteht, hat viele überzeugt. Von Menschen wie ihm können wir lernen, was Vorbilder bewirken können.

Aber – woher den Mut zum Vorbild, den Mut zum Widerstand nehmen? Ich verstehe gut, wenn Eltern heute an ihren Einflussmöglichkeiten verzweifeln. Ich verstehe gut, dass sie vor der Flut wertloser Vorbilder, wie sie die Medien hervorbringen, zu kapitulieren versucht sind. Ich verstehe gut, dass viele aufgeben angesichts einer Gesellschaft, die das Fähnchen ihrer moralischen Grundsätze nach dem Wind hängt. Vielleicht hilft es, sich zweierlei klar zu machen: erstens, dass von Eltern gar nicht erwartet wird, eigene Werte und Ideale zu erfinden, weil unsere eigene Kultur Maßstäbe von allgemeiner, fast weltweit anerkannter Gültigkeit hervorgebracht hat. Und zweitens, dass uns gar nichts anderes übrig bleibt, als Vorbild zu sein, weil die Lebenstüchtigkeit unserer Kinder davon abhängt.

Erziehung ist ja Vorbereitung auf die Freiheit. Das Ziel jeder Erziehung kann deshalb nur darin bestehen, Kinder zum verantwortungsvollen Gebrauch der Freiheit zu verhelfen – und dafür muss man ihre eigenen Widerstandskräfte stärken. Das ist eine Aufgabe, der Eltern nicht ausweichen können, denn nur aus der Widerstandsfähigkeit heraus sind freie Entscheidungen überhaupt möglich, nur ein robuster Widerstandswille bewahrt einen jungen Menschen davor, der allgegenwärtigen Verführung, es sich so leicht wie möglich zu machen, zu erliegen. Es wäre der größte Fehler, Kinder unvorbereitet der Freiheit auszusetzen. Das Vorbild von Eltern, die ihrerseits Widerstand geleistet haben, gehört darum zum Wertvollsten, was man seinen Kindern auf ihrem Weg in die Freiheit mitgeben kann.

Natürlich erfordert es Mut, diesen Widerstand gegen den Zeitgeist durchzuhalten. Deshalb möchte ich Eltern und Erzieher daran erinnern, dass sie nicht mit leeren Händen dastehen. Dass die Ratlosigkeit, von der eingangs die Rede war, auch kein unabwendbares Schicksal ist. Sie hat eine Ursache, und die besteht darin, dass das Menschenbild unserer Kultur in den letzten Jahrzehnten aller existenziellen Tiefe beraubt wurde, sodass sich ein gelungenes Leben nur noch nach äußeren Erfolgen bemisst. Mit diesem entkernten, entseelten Menschenbild kann man natürlich in der Erziehung nichts anfangen, es ist wertlos, weil äußere Erfolge völlig unabhängig von der Persönlichkeit sind – auch ein Schuft kann erfolgreich sein. Wenn wir uns auf diesen traurigen Rest eines Menschenbilds einlassen, können wir tatsächlich alle Erziehungsversuche einstellen und uns damit begnügen, Kinder stur auf Leistung zu trimmen. Soll Erziehung einen Sinn haben, muss sie deshalb beides im Auge haben: die Persönlichkeit eines Kindes wie auch ein Menschenbild, das den Wert des Menschen nicht anhand äußerer Faktoren bestimmt.

Und dieses Menschenbild gibt es längst. Es liegt unserer eigenen Kultur zugrunde. Es ist die christliche begründete Vorstellung, dass der Mensch als Geschöpf Gottes ein Bildnis und Gleichnis Gottes ist und deshalb unantastbar, der Verfügungsgewalt seiner Mitmenschen entzogen. Auf dieser Vorstellung beruht unser Anspruch auf Freiheit und Gleichheit, aus dieser Voraussetzung leitet sich auch unsere Menschenwürde ab. Und gleichzeitig kalkuliert dieses Menschenbild die Schwäche und Verführbarkeit des Menschen ein. Die christliche Anthropologie führt daher nicht zur Vergötterung des Menschen, sie verbindet vielmehr seine Gottesebenbildlichkeit mit seiner Anfälligkeit für die Versuchung, sodass wir am überragenden Wert des Menschen festhalten können, ohne die Augen vor seiner Unvollkommenheit zu verschließen.

Im Erziehungsalltag bedeutet das, sich immer wieder auf diese eigentümliche Doppeldeutigkeit menschlicher Existenz einzustellen. Davon auszugehen, dass auch Kinder der Spannung zwischen Gut und Böse ausgesetzt sind, ohne selber böse zu sein. Und sich immer wieder daran zu erinnern, dass sie beides von uns erwarten dürfen: dass wir sie bei ihrer Entwicklung zu einem Menschen, der der Freiheit gewachsen ist, nach Kräften unterstützen, und ihnen gleichzeitig mit dem größten Respekt vor ihrer Individualität, ihrer gottgewollten Einzigartigkeit begegnen. Daraus ergibt sich ein Erziehungsauftrag, der weit über das Umsorgen und Behüten oder die Konditionierung zum Erfolg hinausgeht. Das christliche Menschenbild berechtigt und verpflichtet uns dazu, Kinder zu widerstandsfähigen Persönlichkeiten zu erziehen, selbständig genug, um freie Entscheidungen zu treffen. Damit verspüren wir als Erzieher wieder festen Boden unter den Füßen. Unsere Erziehung hat ein klares, menschengerechtes Ziel. Und aus dieser Gewissheit dürfen wir auch den Mut schöpfen, den wir als Eltern und Lehrer so dringend brauchen.

■ 13 ■ AN DIE EIGENE AUTORITÄT GLAUBEN
Wie wir die Erziehungskrise überwinden können

Schwester Enrica Rosanna

Unlängst wurde ich bei einer Bischofsvisite gefragt: «Immer weniger junge Menschen fühlen sich zu einem geistlichen Leben berufen, immer weniger wollen Priester werden. Was ist der Grund dafür?» Ich habe geantwortet: «Gründe gibt es viele. Aber der ausschlaggebende Grund ist meines Erachtens, dass wir derzeit eine Erziehungskrise erleben. Denn Erziehen bedeutet, einen jungen Menschen zu voller Selbstverwirklichung anzuleiten. Doch viele Eltern verhelfen ihren Kindern heute nicht mehr zu einer klaren Vorstellung vom Leben und von der Welt, sodass diese Kinder als Jugendliche dann mit der Frage, was sie aus ihrem Leben machen sollen, überfordert sind. Eltern sind häufig gar nicht darauf vorbereitet, ihren Erziehungsauftrag zu erfüllen und sich persönlich wie als Familie dafür einzusetzen, dass ihre Kinder zu starken Persönlichkeiten heranwachsen. Eine Entscheidung für das geistliche Leben aber setzt eine starke Persönlichkeit voraus.» Das war meine Antwort. Natürlich wirkt sich diese Erziehungskrise nicht nur auf die Berufungen aus. Sie ist ja Ausdruck einer Verarmung, die die Gesellschaft als Ganze erfasst hat, und betrifft daher uns alle. Beschäftigen wir uns deshalb zunächst mit den größeren Krisen, die hinter der Erziehungskrise stehen – der Krise der Gesellschaft und der Krise der Familie.

Wenn ich mir die soziologischen Analysen der letzten dreißig, vierzig Jahre ins Gedächtnis rufe, dann hat sich vor allem unsere Werteskala radikal verändert. In den Sechzigerjahren noch stand – wenigstens in Italien – der Glaube an Gott in der gesellschaftlichen Wertehierarchie an oberster Stelle. Heute spielt der

Glaube im Wertgefüge unserer Gesellschaft kaum noch eine Rolle. Wir leben in einer Gesellschaft, die es ablehnt, christlich zu sein. Und das hat Folgen. Es ist eben ein Unterschied, ob ich alle materiellen und geistigen Energien auf den Lebensgenuss konzentriere oder ob ich mir die Erfüllung meines Lebens von dem Glauben an Gott und die beständigen Werte der Religion verspreche. Die größte Gefahr, die von dieser Entwicklung ausgeht, ist der Verlust der praktischen Sympathie füreinander, die uns zum Respekt vor den Regeln des Zusammenlebens anhält. Wir sind auf dem Weg zu einer Gesellschaft ohne Normen und Werte, einer gleichgültigen Gesellschaft. Für sie ist alles in Ordnung, alles zulässig, alles unschädlich – und das Einzige, was sich nun nicht mehr gehört, ist, Unterschiede im ethischen Bereich auch nur wahrzunehmen. Papst Benedikt XVI. hat die gegenwärtige Situation auf den Punkt gebracht, als er von einer «Diktatur des Relativismus» sprach.

Wir haben es hier sicherlich auch mit einem Erbe von achtundsechzig zu tun. Die Eltern der heute Heranwachsenden sind ja ein Produkt der Achtundsechziger-Generation, also Kinder einer Zeit, in der Prinzipien aufgehoben, Schranken durchbrochen, Regeln abgeschafft wurden und stattdessen die Spontaneität auf den Thron gesetzt wurde. Ich erinnere mich an einen Slogan, der in den Jahren der Jugendproteste, als ich in Trient Soziologie studierte, unentwegt zu hören war: «Die Phantasie an die Macht!» Oder, etwas anders ausgedrückt: «Alle Macht der Improvisation!» Dieser Slogan rebellierender Jugendlicher ist gewissermaßen zum Erziehungsprinzip der nächsten Generation geworden. Mit erschreckenden Konsequenzen, denn Erziehung darf niemals das Ergebnis von Improvisation sein – schon deshalb nicht, weil eine improvisierte Erziehung dem grassierenden Relativismus Tür und Tor öffnet. Seither mangelt es jedenfalls nicht nur an dem Mut, zu erziehen. Es mangelt an dem Willen, zu erziehen.

Ich möchte ein Beispiel dafür geben, wie dieser Relativismus sich im pädagogischen Bereich auswirkt. Eigentlich gehört es zu den wichtigsten Aufgaben des Erziehers, den Willen eines Heranwachsenden zu bilden, seine Willenskraft zu stärken. Heute jedoch wird die Erziehung des Willens von Vätern und Müttern gar nicht mehr als Auftrag verstanden. Da heißt es dann: «Mein Kind darf doch werden, wie es will.» Oder: «Wir lassen unsere Kinder machen, was sie wollen.» Solche Kinder werden von ihren Eltern nicht mehr mit der Entscheidung zwischen Gut und Böse, zwischen Heilsam und Zerstörerisch konfrontiert, weil ihre Eltern selbst kaum noch diesen Unterschied machen – und dabei kommen launische, willenlose Kinder heraus. Nicht klüger aber verhalten sich jene Eltern, die ins Gegenteil verfallen, ihre Kinder fortgesetzt mit Regeln und Forderungen behelligen, sie gängeln und in ihrer geistigen Bewegungsfreiheit einschränken, bis sie entweder so eingeschüchtert sind, dass sie stumm gehorchen, oder so verzweifelt, dass sie aufbegehren. Ob Eltern nun aber zu nachlässig erziehen oder geradezu erziehungswütig sind, beide Verhaltensweisen haben dieselbe Ursache: Was für den jungen Menschen gut und richtig ist, wird allenfalls nach äußeren Maßstäben beurteilt, im Hinblick auf ein augenblickliches Glück oder auf künftige Erfolgschancen, aber nicht mehr nach Kriterien, die für die Entwicklung der Persönlichkeit entscheidend sind.

Und aus der Krise der Gesellschaft folgt die Krise der Familie. Was diese Krise ausgelöst hat, ist der Umstand, dass die Familie ihren inneren und äußeren Zusammenhang verloren hat. Mit dem äußeren Zusammenhang meine ich das Selbstverständnis der Familie als ein Ort, wo auf eine humane, friedliche, menschenwürdige Gesellschaft hingearbeitet wird. Und der innere Zusammenhang ergibt sich aus der Verantwortung der Eltern dafür, dass ihre Kinder zu starken, reifen Persönlichkeiten heranwachsen. Verliert die Familie diesen inneren und äußeren Zusammenhang, bleibt ihr nur noch die Aufgabe, privates Glück zu produzieren. Werden die Hoffnungen der Eltern dann enttäuscht, erfüllen sich ihre Wünsche doch nicht, bleiben die Kinder hinter ihren Erwartungen zurück, dann verfallen sie in Niedergeschlagenheit und verlieren alles Vertrauen. Immer seltener begegnen wir der Fähigkeit, Enttäuschungen zu verkraften, und deshalb beobachten wir, wie sich die Angst ausbreitet – die Angst vor sich selbst, die Angst vor dem anderen, die Angst vor der Zukunft, die Angst um die Kinder. Es fehlt eben heute oft das Verständnis für die wahren, großen Aufgaben der Familie. Es fehlt aber auch die gläubige Zuversicht, dass Gott es auch dann mit den Menschen gut meint, wenn in ihrem Leben nicht alles nach Plan läuft.

Eine Krise der Gesellschaft und eine Krise der Familie also. Beide führen dazu, dass viele Eltern heute mit ihrer ureigenen Erziehungsaufgabe nichts mehr anfangen können. Sie wissen einfach nicht mehr, dass sie für die Identitätsbildung ihrer Kinder zuständig sind und für die Vermittlung einer vernünftigen, menschenfreundlichen Sicht des Lebens und der Welt. Sie sehen gar keinen Zusammenhang mehr zwischen einer Lebens- und Weltanschauung, die auf echten Werten beruht, und der Entwicklung ihrer Söhne und Töchter zu starken, verantwortungsbewussten Persönlichkeiten, die in der Lage sind, freie und richtige Entscheidungen zu treffen. Mit anderen Worten: Sie stellen sich dem Problem der Erziehung nicht mehr. Sie sind nicht darauf vorbereitet, Eltern zu sein. Deshalb möchte ich jetzt auf die Frage eingehen, worauf es in der Erziehung ankommt. Wir Salesianer sind ja eine Ordensgemeinschaft, die sich ganz der Erziehung und Ausbildung junger Menschen verschrieben hat, deshalb kann ich Etliches aus meiner Erfahrung dazu beitragen.

Zunächst einmal: Erziehen ist ein mühsamer Prozess, nur in kleinen Schritten gelingen Erfolge. Im antiken Rom galt Erziehung als ein so schwieriges Geschäft, dass sie den gebildeten

Sklaven überlassen wurde. Vielleicht sind wir eher dazu bereit, wenn wir uns klar machen, dass Erziehung ein Dienst ist, und zwar ein doppelter, nämlich ein Dienst am Menschen und genauso ein Dienst an der Gemeinschaft. Unsere Kinder wie auch die Gesellschaft haben einen Anspruch darauf, dass wir ihnen diesen Dienst erweisen. Deshalb dürfen wir uns nicht entmutigen lassen, deshalb müssen wir mit dem Willen an unsere Aufgabe herangehen, unser Möglichstes zu tun.

Darüber hinaus aber ist Erziehung, wie jede Führungsarbeit, auch eine Kunst, das heißt: Alle Beteiligten, Kinder wie Eltern, entwickeln sich miteinander weiter, lernen fortwährend voneinander, unterstützen einander, öffnen einander die Augen. In einer Familie ist niemand dem anderen überlegen oder unterlegen, auch das jüngste Mitglied trägt zu diesem Lernprozess genauso viel bei wie Vater oder Mutter, und deshalb sollten wir Erziehung grundsätzlich als die Begegnung zwischen kreativen Menschen verstehen. Sie kann daher nur gelingen, wenn alle Seiten die Freiheit und Würde des anderen respektieren. Mir fällt dazu ein, was eine chinesische Mitschwester mir einst erzählte. Ein chinesischer Künstler, sagte sie, würde nie den Hintergrund seiner Bilder vollständig ausmalen, und zwar deshalb, um dem Betrachter die Möglichkeit zu geben, den leer gebliebenen Raum mit der eigenen Phantasie auszufüllen. Nicht anders sollte auch ein Erzieher vorgehen. Er sollte einem Kind nur bestimmte Motive vorgeben oder ihm helfen, bestimmte Grundzüge zu entfalten, und ihm gleichzeitig die Freiheit lassen, sich nach eigenem Rhythmus und aus eigener Kreativität heraus zu entwickeln.

Hüten wir uns jungen Menschen gegenüber also vor Zwang und Bevormundung, aber auch vor Herablassung und Überheblichkeit, gehen wir immer davon aus, dass uns in jedem Kind ein neuer, einzigartiger Mensch entgegentritt mit eigenen Bedürfnissen, persönlichen Erfahrungen und spezifischen Problemen.

Üben wir den liebevollen Blick, diesen hellsichtigen, ideologisch ungetrübten Blick, der uns erlaubt, das Beste in unseren Kindern zu erkennen und ein Verständnis dafür zu entwickeln, was anders an ihnen ist, anders als wir es vielleicht erwartet, anders als wir es uns womöglich gewünscht haben. Geben wir ihnen den Raum, ihre Gaben zu entfalten und ihre innere Schönheit als Geschöpf und Ebenbild Gottes zur Reife zu bringen, und damit die Möglichkeit, in vollem Sinne Mensch zu werden. Wer sich so auf junge Menschen einstellt, der wird auch selbst vom Umgang mit ihnen profitieren. Im jüdischen Talmud heißt es deshalb: «Ich habe viel gelernt und bin meinen Lehrern dankbar. Ich habe noch mehr gelernt und bin meinen Kameraden dankbar. Ich habe noch viel mehr gelernt und bin meinen Schülern dankbar.»

Kinder ihrerseits werden umso lieber von uns lernen, je mehr wir mit allen Erziehungsmaßnahmen auf ihre innere Freiheit zielen, es darauf anlegen, ihre Herzen zu erobern, sie dazu animieren, sich mit Freude für das Gute und Richtige zu entscheiden. Das schaffen wir allerdings nicht, indem wir ihnen Lehren erteilen oder sie mit Maßregeln überschütten. Das erreichen wir vielmehr dadurch, dass das Gespräch untereinander zur alltäglichen Wirklichkeit wird, dieser fortwährende Dialog zwischen Kindern und Eltern, in dem jeder sich in seiner Unterschiedlichkeit mitteilen kann, der den Eltern erlaubt, den Kindern ihre Prinzipien, Ideen und Erfahrungen anzubieten, und den Kindern ermöglicht, das hinzugewonnene Wissen in ihre Vorstellungswelt zu übersetzen. Noch entscheidender aber ist das Beispiel, das wir unseren Kindern geben und das sie als Einladung zur Teilhabe an den Tugenden und Werten verstehen können, die uns verbinden. Auch wir Erwachsene stellen ja immer wieder fest, wie tief uns Vorbilder berühren. Ich selbst denke da zum Beispiel an die bewegende Geschichte der Schwester Leonella Sgorbati, einer Missionarin, die als Krankenschwester und Hebamme in Kenia und Somalia ein Leben leidenschaftlicher Hingabe an Christus und die Armen geführt hatte und dieses Leben, von einem unsinnigen Hass tödlich getroffen, mit den Worten «Ich vergebe, ich vergebe, ich vergebe» beendete. Derartige Vorbilder für den Glauben, die Hoffnung und die Liebe können es uns erleichtern, selber Vorbild zu sein; übersehen wir aber nicht, dass wir als moderne Erzieher von einem zeitgemäßen Menschenbild ausgehen, die Zeichen der Zeit verstehen und ein Gespür dafür entwickeln müssen, welche Werte für Jugendliche gerade die größte Anziehungskraft haben – Frieden, Gerechtigkeit oder Solidarität kommen da genauso infrage wie die Entwicklungshilfe, die Gleichberechtigung der Frau oder die ökologische Problematik.

Ich will allerdings nicht verheimlichen, dass die Schwierigkeiten vieler Jugendlicher und ihre Passivität auch daher rühren, dass sie in ihrem Leben keinen Erwachsenen von einiger Bedeutung begegnen, angefangen bei ihren Eltern und Lehrern. Viele Erwachsene sind leider keine Vorbilder, besitzen nichts, was Jugendliche anziehend finden könnten, sind gesichtslose, angepasste Gestalten. Weil es ihnen selbst an Reife fehlt, haben sie keinerlei Ausstrahlung. Vor allem aber lassen sie das Wichtigste vermissen, was einen Erzieher auszeichnet, nämlich Autorität, und das scheint mir der besorgniserregendste Befund im Zusammenhang mit der gegenwärtigen Erziehungskrise zu sein. Viele Eltern glauben heute nicht mehr an ihre Autorität oder verzichten sogar bewusst darauf, um ihren Kindern auf einer freundschaftlichen Ebene begegnen zu können. Damit fallen sie jedoch als Vorbilder aus, denn kein Kind lernt von einem Erwachsenen, der keine Autorität besitzt, kein Kind lässt sich auf Dauer von einem solchen Menschen etwas sagen. Das heißt: Wenn wir aus der Krise der Erziehung herausfinden wollen, müssen wir den Mut zur Autorität aufbringen, müssen wir wieder lernen, an unsere Autorität zu glauben. Denn Autorität ist dienende Macht.

Sie ist die Macht, die sich aus Liebe einer Aufgabe unterwirft. Die Orientierung vermittelt, ohne zu demütigen. Die bereit ist, mal Lehrer und mal Schüler zu sein, die – ganz im Sinne des lateinischen *augere*, des Stammworts von Autorität – das Wachstum und die Reife derer im Auge hat, denen sie dient.

Und diese Autorität gilt es, klug zu nutzen. Wir Salesianer folgen in unserer Erziehungspraxis den Ideen unseres Ordensgründers Don Bosco, der den Jugendlichen seiner Zeit ein einfaches und zugleich anspruchsvolles Programm unterbreitete und in die suggestive Formel kleidete: «Ein ehrlicher Bürger werden, indem man ein guter Christ wird.» Eltern, die in ihrer Erziehung diesen Weg beschreiten wollen, möchte ich drei Dinge ans Herz legen. Erstens, dass sie sich ein Beispiel an der Vatergestalt im Gleichnis vom verlorenen Sohn nehmen und ihren Kindern die Logik der Vergebung vorleben. Denn nur, wer in jungen Jahren Vergebung erfährt, kann später zum Frieden der Gemeinschaft beitragen und den eigenen finden. Zweitens, dass sie in die Schule der Geduld gehen und dort das Gesetz des Lebens lernen, wie es Jesus Christus im Gleichnis von dem Samenkorn formuliert, das in die Erde fallen und sterben muss, bevor es neues, reicheres Leben hervorbringt. Und drittens, dass sie die Friedfertigkeit zu einem ihrer höchsten Erziehungsziele machen. Sicherlich ist der Frieden ein Geschenk Gottes, aber eben auch das Ergebnis einer aufrichtigen Suche, eines hochentwickelten Verantwortungsbewusstseins – das übrigens noch in den nebensächlichsten Angelegenheiten des Alltags zum Ausdruck kommen kann. Mir fällt dazu eine kleine Anekdote ein: Einmal kam ein junger Student zum heiligen Franz von Sales und fragte ihn: «Was kann ich für den Frieden in der Welt tun?» – «Die Tür nicht so laut zuschlagen», antwortete der Heilige lächelnd.

Machen wir uns klar, was das für Eltern und Kinder bedeutet: Wir alle müssen lernen, uns zu entwaffnen. Müssen bereit sein, eine regelrechte Abrüstung unserer Herzen zu betreiben.

Bewaffnet sind unsere Herzen so lange, wie wir misstrauisch und ängstlich unseren Vorteil suchen und uns nur dann in unserer Haut wohlfühlen, wenn wir als Sieger dastehen. Diese Einstellung führt nicht zum Frieden. Ich schlage daher ein ökologisches Engagement vor, das über die Natur weit hinausgeht und die eigene Person einschließt. Ich schlage eine Ökologie des Geistes vor, also eine intellektuelle Redlichkeit, die uns den Mut gibt, die Dinge beim richtigen Namen zu nennen und unerschrocken das Schlechte schlecht und das Gute gut zu heißen, damit wir zu Personen aus einem Guss werden, die ihre Handlungen und Ansichten begründen können. Ich schlage eine Ökologie des Herzens vor, die uns erlaubt, uns unter keinen Umständen auf die Seite der Mächtigen zu schlagen und im eigenen Leben Liebe, Mitleid, Vergebung und Güte walten zu lassen. Und schließlich schlage ich eine Ökologie des Lebens vor, die uns dazu befähigt, uns mit dem Notwendigen zufriedenzugeben, nicht verschwenderisch zu sein und alles mit Freude zu teilen. Freilich ist dies kein leichter Weg zum Frieden, und er kann auch nicht allein beschritten werden, denn der Frieden ist ein Gebäude, das im Dialog gemeinsam errichtet werden muss, ein zerbrechlicher Bau, der fortwährend durch Ignoranz, Ungerechtigkeit, Anmaßung und Faulheit bedroht ist. Aus diesem Grund ist neben ständiger Wachsamkeit auch jene Unterscheidungsfähigkeit gefragt, die bei uns derzeit so niedrig im Kurs steht.

Lassen Sie mich zum Schluss darauf hinweisen, dass alle Regeln und Kriterien natürlich nur Anhaltspunkte für eine gute Erziehung liefern können, weil sie immer auf die konkrete Person abgestimmt werden müssen, die unserer Sorge anempfohlen ist. In diesem Zusammenhang erhält die Familie ihre herausragende Bedeutung. Die Familie ist der Ort, wo diese Regeln nicht schematisch, sondern aus dem praktischen Lebensvollzug und der größten gegenseitigen Vertrautheit heraus angewandt und abgewandelt werden können – schon das macht sie unersetzlich.

Dazu kommt, dass ein Kind viele Dinge nur von seiner Mutter, seinem Vater lernt, nicht von anderen Leuten – den Familiensinn zum Beispiel, oder das Verantwortungsgefühl für eine Gemeinschaft, die einem Rücksicht mit Liebe lohnt, oder auch den friedensstiftenden Wert der Vergebung. Und weiterhin spricht für die Familie, dass Eltern mit einer Bedingungslosigkeit an ihr Kind glauben wie niemand sonst. Eine der großartigsten Leistungen von Müttern und Vätern besteht ja darin, dass sie ihrem Kind auch dann die Stange halten, wenn es schwierig ist, dass sie unerschütterlich an es glauben, es niemals aufgeben und alles versuchen, im Vertrauen darauf, dass der Knoten irgendwann platzt und dieses Kind dann doch noch das zeigt, was in ihm steckt. Eltern tragen daher die größte Erziehungsverantwortung. Allerdings müssen sie dabei auch auf die Mitarbeit anderer Einrichtungen zählen können, allen voran die der Schule. Denn auch die Schule ist ein Ort der Erziehung, wenn sie ihren Namen verdienen soll, wenn sie im wahren Sinne des Wortes «Schule» sein soll, nämlich ein Ort, wo junge Menschen von den Defiziten und Beschränkungen befreit werden, die sie an der vollen Entfaltung ihrer Persönlichkeit hindern. Familie und Schule sollten also zusammenwirken, damit jedes Kind tatsächlich wird, was es im besten Sinne sein kann.

■ 14 ■ DER EXISTENZIELLE DIALOG
Wie wir Kindern helfen, zu sich selbst zu finden

Abtprimas Notker Wolf

«Wo hat er das denn aufgeschnappt?», hieß es, wenn ich als Kind einen Ausdruck benutzte, der zu Hause ganz und gar nicht gebräuchlich war. Als Erklärung kam der Schulhof in Betracht. Oder ein Freund, der als zwei Jahre Älterer schon in anderen Sphären bewandert war. Vielleicht noch die Rundfunkwerbung. Das war's. Die Fremdeinflüsse hielten sich damals jedenfalls in engen Grenzen. Heute sind sie so massiv, dass Eltern sich immer früher damit abfinden müssen, ihr Erziehungsmonopol verloren zu haben. Anonyme Mächte mischen sich schon in das Leben der Jüngsten ein. Wer weiß zum Beispiel, was in Kindern vorgeht, wenn sie fernsehen? Wir werden nie erfahren, welche Saat da in die Seelen von Kindern gesät wird, aber der Fotograf Wolfram Hahn hat die Gesichter von Vier- bis Sechsjährigen vor dem Fernseher fotografiert, und das Ergebnis ist beängstigend. Zusammengesunken und wie erstarrt sitzen diese Kinder da, mit leerem Blick und ausdruckslosen Gesichtern. Sie scheinen gebannt, wirken aber gleichzeitig stumpf, abwesend, teilnahmslos, als hätte man ihren Verstand, ihr Gefühl, ja den ganzen kleinen Menschen ausgeschaltet.

Diese Bilder erzählen für mein Empfinden von einem Rückzug aus der Wirklichkeit. Wir beobachten diesen Rückzug tagtäglich – wenn die Tochter mit dem Kopfhörer im Ohr zum gemeinsamen Abendessen erscheint, wenn der Sohn tagelang nicht mehr hinter dem Computer hervorkommt, wenn Jugendliche (und Erwachsene) eine Unterhaltung abrupt unterbrechen, weil das Handy Vorrang hat –, aber er wird uns selten so drastisch als Beschlagnahmung durch eine höhere Macht vor Augen geführt wie auf diesen Fotos. Es hat den Anschein, als ob unsere Kinder in eine zweite Wirklichkeit abdriften, die ihre Allmachtsphantasien bedient oder ihre Aggressionsgelüste anspricht und der sie in jedem Fall wehrlos ausgeliefert sind, während die Alltagsrealität immer mehr die Züge einer lästigen oder belanglosen Gegenwelt annimmt. Hinzu kommt der Terror der Mode und der Trends, der gleich in der Schule schon losgeht, hinzu kommt auch der Einfluss der Werbung, die schon den Jüngsten einbläut, dass es am eigenen Aussehen und am eigenen Image immer noch etwas zu verbessern gibt. Es würde mich nicht wundern, wenn Väter und Mütter angesichts dieser Konkurrenz resignieren. Ist Erziehung im eigentlichen Sinne also ein hoffnungsloses Unterfangen geworden?

Das glaube ich nicht. Ich glaube, dass Erziehung nach wie vor möglich ist – unter *einer* Voraussetzung: dass es Eltern gelingt, eine Beziehung zu ihren Kindern aufzubauen, die stärker ist, als es die äußeren Einflüsse sind. Das ist kein frommer Wunsch. Bedenken wir nur, dass ein junger Mensch bei allem, was er tut, stets auf der Suche nach seiner Identität ist. Er setzt alles daran, der Mensch zu werden, der er von seinen Anlagen, Interessen und Hoffnungen her bereits ist. Dafür braucht er eine Gruppe, der Ebenbürtige, aber auch Überlegene angehören. Und er wird sich derjenigen Gruppe anschließen, die ihm sowohl Anerkennung wie auch die Aussicht auf Bewährung bietet, in der er sich zugehörig fühlen und gleichzeitig ein Gespür für seine Einzigartigkeit entwickeln kann. Er wird dann die Regeln dieser Gruppe lernen, er wird deren Ethos übernehmen, er wird sich mit ihr identifizieren. Eine solche Gruppe müsste die Familie bilden. Und ein solches Gruppengefühl herzustellen ist deshalb meines Erachtens die erste und wichtigste Aufgabe, die sich Eltern heute stellt.

Und ich bin sicher, dass das gelingt, wenn zwei Bedingungen erfüllt sind. Die erste Bedingung wäre die, dass Eltern jederzeit die Ansprechpartner ihrer Kinder sind, auch in den schwierigsten Phasen des Heranwachsens, dass sie grundsätzlich ein offenes Ohr für die Fragen und Sorgen ihre Kinder haben. Deutschen Eltern scheint das besonders schwer zu fallen. Aus einer UNICEF-Studie geht jedenfalls hervor, dass sich vor allem deutsche Jugendliche darüber beklagen, von ihren Eltern nicht ernst genommen zu werden. Mehr als die Hälfte der Fünfzehnjährigen gibt an, dass ihre Eltern sich kaum Zeit für ein Gespräch mit ihnen nehmen; Deutschland belegt damit in dieser Studie den letzten Platz – hinter den USA. Und die andere Bedingung wäre, dass sich Eltern bei ihren Kindern genauso wenig anbiedern, wie sich ein Anführer bei den übrigen Gruppenmitgliedern anbiedern würde. Eltern dürfen keinen Zweifel daran lassen, nach welchen Regeln in der Familie gespielt wird, und sie müssen diesen Regeln Geltung verschaffen. Wer klare Regeln einhält und Zeit für seine Kinder aufbringt, kann sicher sein, von ihnen respektiert zu werden – und erspart sich obendrein die ewigen Diskussionen, in die Kinder ihre Eltern verwickeln, wenn sie die Erfahrung gemacht haben, dass die früher oder später ohnehin nachgeben. Mit anderen Worten: Eltern und Kinder sollten in einem fortwährenden existenziellen Dialog miteinander stehen.

Mir fällt dazu das Beispiel eines befreundeten römischen Arztes ein. Seine zwei Söhne sind prachtvolle junge Männer geworden, und seine Beziehung zu ihnen ist freundschaftlich und respektvoll. Gefragt, wie er das geschafft habe, antwortete er: «Ich bin mit meinem Ältesten nach dem Abitur zwei Monate lang durch Australien gefahren. Nur er und ich. Dabei hat mein Sohn erfahren, was es heißt, Vater zu sein, und mir ist klarer geworden, was es bedeutet, Sohn zu sein. Mein zweiter Sohn ist für Abenteuer nicht so zu haben, aber sehr an Kultur interessiert, also bin ich mit ihm einen Monat lang durch Spanien gereist. Und auch auf dieser Reise haben wir viel voneinander und übereinander gelernt.»

Dieser Mann hatte es fertiggebracht, als Vater glaubwürdig zu sein. Und er hatte sich diese Glaubwürdigkeit erworben und erhalten, weil seine Erziehung nicht auf ein banales Erfüllen von Wünschen, nicht auf Bestechung durch ständiges Entgegenkommen, nicht auf Willfährigkeit gegenüber den Forderungen seiner Kinder hinauslief. Vielmehr hatte er ihnen seine Zeit und seine Aufmerksamkeit geschenkt und war daher in der Lage gewesen, ihnen etwas unendlich viel Wertvolleres zu geben, nämlich Orientierung – also das, was Jugendliche in diesem Alter am meisten brauchen, wonach es sie am stärksten verlangt. Gemeinsame Reisen sind dafür ideal, weil sie immer eine Probe auf die Lebenstüchtigkeit sind. Unterwegs müssen sich die Einstellungen und Erfahrungen des Vaters von Tag zu Tag bewähren, und obendrein versteht der Sohn immer besser, warum sein Vater diese oder jene Haltung vertritt. Dazu kommt, dass man sich gegenseitig ernst nimmt, dass auch der Sohn sich von seinem Vater anerkannt fühlt. Eine ganz wertvolle Erfahrung. Denn einerseits erfährt sich der Sohn dadurch als gleichwertig, mit dem Erfolg, dass der Respekt des Vaters sich bei ihm in Selbstachtung verwandelt. Und andererseits wird der Respekt des Sohns vor seinem Vater wachsen, sooft ihm auffällt, wie viel ihm dieser Vater an Erfahrung, an Wissen und an Lebenstüchtigkeit immer noch voraus hat – Kinder werden hellhörig, wenn sie den Eindruck haben, für den nächsten Augenblick profitieren oder für ihr ganzes Leben dazulernen zu können. Ein solcher Vater ist jedenfalls eine Autorität, die sich auch gegen den Zeitgeist und die Medien durchsetzen kann; zumindest aber werden seine Söhne hinhören, wenn ihr Vater ihnen etwas rät.

Ich sagte bereits, dass ich mir Erziehung in unserer Zeit nur als bewussten Widerstandsakt vorstellen kann. Mit diesem Beispiel dürfte klarer geworden sein, weshalb: Weil Erziehung bedeutet, einem Kind zu helfen, zu sich selbst zu finden, und weil in der globalen Konsum- und Medienwelt starke Kräfte darauf hinarbeiten, genau dies zu verhindern. Was zielt nicht alles darauf ab, Kinder abhängig zu machen und ihren inneren Widerstand zu brechen – die Werbung genauso wie die Marketingstrategien, die Popkultur und natürlich auch die jederzeit zugängliche Pornographie! Der Mensch aber ist ein Wesen, das zunächst einmal in vielerlei Hinsicht wachsen, erstarken und reifen muss, im geistigen wie im seelischen Bereich. Eltern tragen die Verantwortung dafür, dass dieser Entwicklungsprozess nicht unter dem medialen Ansturm zusammenbricht. Meiner Ansicht nach haben sie deshalb vor allem drei Aufgaben: ihre Kinder bei der Suche nach ihrer Identität zu unterstützen, deren fortschreitende Selbständigkeit zu fördern und die Grundlagen für einen moralischen Stolz zu legen, der sie zu freien Menschen macht.

Identität, Selbständigkeit, Freiheit – ich weiß, dass es in unserer Zeit keineswegs selbstverständlich ist, darin die vorrangigen Erziehungsziele zu erblicken. Viel weiter verbreitet ist die Vorstellung, dass Erziehung in erster Linie einen vorbereitenden Beitrag zum späteren Lebensglück von Kindern zu leisten habe. Ich halte das für einen Irrtum, in die Welt gesetzt von den Achtundsechzigern, die den Lustgewinn zum höchsten Daseinszweck erklärten, und millionenfach seither wiederholt von der Werbung, die uns weismachen will, Glück und Befriedigung seien auf simple Ursachen zurückzuführen und auf direktem Wege anzusteuern, mithin kalkulierbar. Aber Lebensglück ist nicht machbar. Es ist ungreifbar, unbestimmbar, es fällt sozusagen nebenbei ab – vielleicht als Ergebnis von Lebenstüchtigkeit und Lebensklugheit, sicher auch als Folge menschlicher Qualitäten, letztlich aber immer als Geschenk. Man kann das Lebensglück deswegen in der Erziehung auch nicht anvisieren, man kann lediglich die Voraussetzungen dafür schaffen, dass junge Menschen ihr Leben selbstbewusst und mutig angehen. Ich bleibe deshalb dabei, dass Erziehung auf Selbständigkeit zielen sollte, auf Abnabelung. Die Kunst des Führens besteht in diesem Fall also darin, von sich selbst wegzuführen. Das heißt: Ähnlich wie jeder gute Trainer müssen auch Eltern darauf hinarbeiten, sich überflüssig und nicht unentbehrlich zu machen.

Diese Erziehung zur Selbständigkeit hat aber nur dann Erfolg, wenn man seinem Kind ganz bewusst dazu verhilft, eine starke Identität zu entwickeln, wobei ich unter Identität den Wesenskern verstehe, also das, was einen Menschen unverwechselbar macht, wodurch sich darüber hinaus auch sein Selbstwertgefühl bestimmt. Wie kommt es zu einer starken Identität? Zunächst einmal ist Identität ja nichts anderes als ein Konglomerat aus Anlagen und Erfahrungen, das mit jedem Tag des Lebens wächst. Damit dieses Konglomerat Form annimmt, braucht ein Kind Menschen, die ihm das Gefühl geben: Du bist etwas wert. Du kannst dich auf dich selbst verlassen, weil du stark bist. Ein junger Mensch muss in seiner Erziehung also vor allem die Bestätigung von Eltern erleben, die jederzeit zu Lob und Anerkennung bereit sind, die gegebenenfalls aber auch mit Kritik und Zurechtweisung nicht hinterm Berg halten – das Lob einer Mutter, die fortwährend beide Augen zudrückt, ist irgendwann natürlich wertlos. Eltern müssen auf ihre Kinder reagieren; gewiss nicht ständig, gewiss nicht in der Art unablässigen Kommentierens, aber immer dann, wenn etwas zur Debatte steht. Beides, Anerkennung wie Kritik, bestätigt ein Kind in seiner Identität, und mit der Zeit erfährt es diese Identität nicht mehr als zufälliges Konglomerat, sondern als etwas Besonderes, etwas Einzigartiges und Wertvolles. Aus diesem Selbstwertgefühl nährt sich auf Dauer sein Bewusstsein der eigenen Würde, und dieses wiederum verleiht einem Menschen eine gewisse Unabhängigkeit von der Bestätigung durch seine Umwelt, immunisiert ihn aber vor allem auch gegen die Lockangebote einer Bewusstseinsindustrie, die vorgefertigte Identitäten feilbietet.

Wenn es in der Erziehung also um Selbständigkeit und Identität geht, dann verbieten sich zwei Erziehungsmethoden eigentlich von selbst, nämlich die Vernachlässigung von Kindern und die übertriebene Fürsorglichkeit – jene Extreme, von denen zu Beginn dieses Teils die Rede war. Beides würde auf eine Erziehung zur Unselbständigkeit hinauslaufen. Denn Eltern, die ihre Kinder mehr oder weniger sich selbst überlassen, verweigern ihnen die Orientierung und sabotieren ihre seelische Entwicklung. Und Eltern, die es mit der Fürsorge übertreiben, die jede Erschütterung, jede Frustration, jede Enttäuschung von ihren Kindern fernhalten wollen, binden sie an sich und wirken ihrer Selbständigkeit entgegen. Richtig hingegen ist, dass Kinder sowohl Freiheit als auch Zuwendung brauchen, und die Kunst kluger Menschenführung besteht in der Erziehung nun gerade darin, die Balance zu finden zwischen der Freiheit, die man seinem Kind schuldet, und der Aufmerksamkeit, derer es ganz genauso bedarf.

Kinder brauchen Freiheit – warum? Weil sie sonst zu unselbständigen, hilflosen und ängstlichen Menschen heranwachsen. Kinder müssen von klein auf lernen, mit Problemen aus eigener Kraft fertig zu werden. Und darum müssen sie eigene Erfahrungen sammeln, müssen auf die Nase fallen, feststellen, dass es unten dreckig ist, und wieder aufstehen, müssen ihren Mut erproben, müssen herausfinden, wie weit ihre Kräfte reichen und dass sich Neugier lohnt, müssen, kurz gesagt, ein Vertrauen zu ihren Fähigkeiten und damit ein Grundvertrauen zum Leben entwickeln. Erziehung darf also auf keinen Fall heißen, seine Kinder unter Daueraufsicht zu stellen, sie wie rohe Eier zu behandeln und sie mit einer Fürsorge zu traktieren, der sie sich nicht erwehren können. Man tut Kindern keinen Gefallen damit, dass man sie in Watte packt. Ich selbst habe als Erwachsener noch erfahren, wie der Mensch aufblüht, wenn er dem wahren Leben ausgesetzt ist. Nach meinem ersten Romaufenthalt fragte mich mein Vorgänger in Sankt Ottilien, ob ich im chaotischen römischen Verkehr keine Angst gehabt hätte. «Nein, Vater Erzabt», habe ich lachend geantwortet. «Im römischen Verkehr habe ich das Selbstbewusstsein wiedergefunden, das man mir im Noviziat zerschlagen hat.»

Ich würde sogar sagen, dass zu der Freiheit, die man seinen Kindern schuldet, auch das Recht gehört, ins eigene Unglück zu laufen. Natürlich ist das schwer zu ertragen. Das bedeutet ja, sein Kind nicht vor jeder Gefahr zu schützen und davon abzusehen, immer weiter in dessen Leben einzugreifen, wenn mit Vernunftgründen nichts mehr auszurichten ist. Aber so weit, meine ich, müsste der Respekt vor der Freiheit gehen, dass man auch zusehen kann, wie etwas schiefläuft, in der Schule zum Beispiel. Die Bekanntschaft mit dem Risiko der Freiheit und dem Erleben, dass das eigene Verhalten immer Konsequenzen hat, sollte man jungen Menschen nicht vorenthalten. Als Erzieher muss ich mich deshalb von dem zwanghaften Impuls befreien, alles, was aus meiner Sicht kein gutes Ende nehmen kann, mit allen Mitteln verhindern zu müssen. Auch Erfahrungen mit der eigenen Dummheit oder Böswilligkeit sind wertvolle Erfahrungen. Kinder brauchen daher Eltern, die sich heraushalten, die sie in Ruhe lassen können.

Ich betone das, weil wir in unseren Tagen das genaue Gegenteil erleben. Eine irrationale Angst greift unter Eltern um sich, eine Angst vor buchstäblich allem, vor ungesunden Lebensmitteln, unsicherem Spielzeug und vor unberechenbaren Mitmenschen sowieso. Da mutieren Nachbarn zu potenziellen Entführern oder Vergewaltigern, und selbst Lehrer müssen damit rechnen, des Missbrauchs bezichtigt zu werden, bloß weil sie ein Kind tröstend in den Arm genommen haben. Viele Eltern wägen Risiken nicht mehr ab, überlegen nicht mehr, was ihrem Kind zugetraut oder zugemutet werden kann und was schon zu gefährlich wäre, nehmen von vornherein den schlimmsten Fall an und versuchen, jedes nur denkbare Risiko auszuschließen. Auf Kinder hat das eine fatale Wirkung. Jeder Spielraum wird ihnen genommen, alle Bewegungsfreiheit beschnitten; sie werden zu Gefangenen im eigenen Haus, von ihren eigenen Eltern rund um die Uhr bewacht. Das Schlimmste aber daran ist: Diese Eltern senden das Signal aus, dass man nichts und niemandem mehr trauen kann, dass die Welt voller Teufel ist. Woher soll ein Kind dann eigentlich seinen Lebensmut nehmen?

Nein, Kinder brauchen Freiheit. Diese Freiheit hat jedoch nichts mit Vernachlässigung zu tun. Sie entbindet Eltern nicht von einer ständigen Mühe um ihren Nachwuchs. Aufmerksamkeit und Fürsorge sind die notwendige Ergänzung zur Freiheit, weil Kinder nicht allein und nicht von selbst zu ihrer besten Form finden. Sie brauchen eine Anleitung zum Leben. Und vor allem brauchen sie Menschen, denen sie diese Anleitung zutrauen, also Erwachsene, die ihnen imponieren, die Eindruck auf sie machen, Erwachsene, die Festigkeit und Beharrlichkeit mit Güte und Charakterstärke verbinden, kurz gesagt: Erwachsene mit Autorität. Wer keine besitzt, der kommt als Vorbild nicht infrage – mit solchen Erwachsenen können Kinder auf Dauer nichts anfangen, mit denen haben sie irgendwann bestenfalls noch Mitleid, und schlimmstenfalls verachten sie sie, selbst wenn es sich um die eigene Mutter handelt. Nur Autorität erzeugt Vertrauen, und daher kommt es in der Erziehung heute mehr denn je auf Führungsqualitäten an. Nicht anders als im Bereich des Managements wird von Eltern Durchsetzungskraft verlangt und die Fähigkeit, zu motivieren, auch Ziele zu setzen. Und ähnlich wie Führungskräfte in der Wirtschaft müssen sie ihren Kindern immer wieder vermitteln: Was wir jetzt gerade machen, das lohnt sich, daran glaube ich, und darum ziehen wir das jetzt durch. Diese Ausstrahlung von Selbstsicherheit und Lebenstüchtigkeit meine ich vor allem, wenn ich von der Vorbildfunktion der Eltern spreche.

Einer der folgenschwersten Irrtümer der Achtundsechziger war die Annahme, dass Autorität grundsätzlich Angst erzeuge oder einenge. Folgenschwer, weil viele Eltern seither einen anderen Weg eingeschlagen haben, um das Vertrauen ihrer Kinder zu gewinnen, und es mit Gefälligkeit versuchen. Das kann nicht gutgehen. Denn Eltern, die sich anbiedern, verwechseln Narzissmus mit Liebe. Sie sind auf eine ungestörte sentimentale Beziehung zu ihren Kindern aus, sie wollen sich durch fortwährendes Entgegenkommen die prompte Gegenliebe ihrer Kinder erkaufen, sie denken also weniger an ihr Kind als an sich selbst. Kinder lassen sich auf diesen Handel jedoch in aller Regel nicht ein. Sie machen ihre eigene Rechnung auf, und meistens nutzen sie die Macht, die sie über ihre Eltern gewonnen haben, um auf dem bequemsten Weg zum Ziel zu kommen. Das führt dazu, dass sie keine Widerstandskräfte entwickeln, nie erfahren, wie süß schwer errungene Siege schmecken, nie lernen, sich mit der Wirklichkeit ernsthaft auseinanderzusetzen. Gerade Eltern, die es am besten meinen, können so zu Rabeneltern werden, die ihre Kinder um die notwendige Selbsterfahrung bringen. Echte Liebe hingegen zielt darauf ab, ein Kind lebenstauglich zu machen. An dieser Wirkung erkennt man Elternliebe. Nicht an blinder Nachsicht.

Hier kommt, wie ich meine, den Vätern eine besondere Verantwortung zu. Denn ihnen fällt es gewöhnlich leichter als den Müttern, ihren Kindern die nötige Reibungsfläche zu bieten, sie zu fordern oder in die Schranken zu weisen, und gerade Söhne erleben im natürlichen Kräftemessen mit ihren Vätern eine Herausforderung ihrer Willensstärke und Widerstandskraft. Ich meine damit nicht, dass Väter in ihrer alten Rolle und der damit verbundenen Distanz zu ihren Kindern verharren sollen, im Gegenteil. Ich möchte sie ermutigen, sich mit ihrem Nachwuchs so oft wie möglich zu beschäftigen. Väter, die mit ihren Kindern spielen, brauchen dabei um ihre Autorität keine Sorge zu haben – die wird ganz von selbst respektiert, denn gerade in der Zuwendung und Zuneigung erfährt ein Kind die Autorität des Vaters. Dennoch – auch Väter, die die Nähe zu ihren Kindern suchen, fordern sie ganz anders als Mütter heraus. Es ist deshalb ein Irrtum, zu glauben, dass Erziehung allein die Sache der Frauen wäre, und für die Kinder alleinerziehender Mütter ist es ein Problem, dass sie nie den normalen Widerstand des Vaters erleben. Kinder brauchen beide Elternteile unbedingt; dem Vater fällt dabei die Rolle desjenigen zu, der ihnen etwas zumutet, damit sie ihre Stärke erfahren.

Mir fällt dazu die Geschichte eines jungen evangelischen Pastors ein. Als die Ärzte bei ihm Krebs diagnostizierten, versetzte ihn sein Bischof nicht auf eine Stelle, die ihm erlaubt hätte, seine Kräfte zu schonen, sondern schickte ihn ins Amazonasgebiet. Dieser Bischof wollte das Beste für ihn, und das war kein ruhiges Dasein daheim, sondern die vorderste Front, eben weil er als Krebskranker nur noch wenige Jahre zu leben hatte. Der junge Mann hat dann unter den harten Lebensbedingungen einer Mission am Amazonas noch so viel Großartiges erlebt, dass er seinem Bischof am Ende seines Lebens ausdrücklich für diese Entscheidung gedankt hat. Auf die Erziehung übertragen, bedeutet das: Wer sein Kind wirklich liebt, der wird versuchen, ihm einen Lebensweg zu eröffnen, der es bereichern muss. Nicht im Sinne eines vagen Lebensglücks oder materiellen Erfolgs, sondern im Hinblick darauf, dass er dem Leben mit all seinen Höhen und Tiefen gewachsen ist.

■ 15 ■ REICHT ES, DIE GUTE FEE ZU SPIELEN? Was wir unseren Kindern schulden

Abtprimas Notker Wolf

«Mein dreijähriger Sohn ist so süß, dass ich ihm nichts abschlagen kann», sagte mir eine Frau und lächelte dabei so selig, dass ich keinen Zweifel an der Ernsthaftigkeit ihrer Worte haben konnte. «Ich bin froh, dass wenigstens seine Erzieherinnen im Kindergarten nein sagen können. Ich bringe das nicht über mich.»

Offenbar betrachtete sie Erziehung als seelische Grausamkeit. Als eine Aufgabe für Fremde, die etwas derartig Gemeines leichter übers Herz bringen. Es klang fast so. Auf jeden Fall schien sie Erziehung als eine Zumutung zu empfinden – mindestens ebenso sehr für sich selbst wie für ihr Kind, denn jedes Nein würde auf Kosten der emotionalen Harmonie zwischen Mutter und Kind gehen und die herzliche Beziehung zu ihrem Kleinen stören. Sie gehörte wohl zu jenen Müttern, die in den Glücksgefühlen aufgehen wollen, die ihr Kind bei ihnen auslöst, und sich deshalb auf die Rolle der guten Fee beschränken. Als gute Fee brauchen sie nie nein zu sagen. Als gute Fee sind sie ausschließlich für die Erfüllung von Wünschen zuständig. Sicherlich haben solche Mütter auch das Glück ihres Kindes im Auge, wenn sie es in ein Paradiesgärtchen setzen, in dem es jederzeit seinen Willen bekommt. Aber reicht es, seiner Tochter oder seinem Sohn nicht wehtun zu wollen?

Ein anderes Beispiel. Ein Vater, durchaus liebevoll, durchaus verständnisvoll, enthält seinen Kindern in allen wichtigen Lebensfragen seinen persönlichen Standpunkt vor. Er will sie nur mit objektiven Wahrheiten bekannt machen; die eigenen Erfahrungen sollen nicht zählen. Er lässt sie daher im Unklaren über seine Ansichten zu Politik und Religion, und seine Kinder –

mittlerweile um die zwanzig Jahre alt – wissen bis heute nicht, wofür ihr Vater steht. Er verhält sich so aus Sorge, seine Kinder zu bevormunden. Er will jede Manipulation vermeiden. Er glaubt, seine Autorität zu missbrauchen, wenn er zu erkennen gibt, woran er sich selbst orientiert, woran er selbst glaubt. Seine Kinder sollen dem Leben möglichst unvoreingenommen begegnen und sich ihr Weltbild am besten allein aus persönlichen Erlebnissen zusammensetzen. Aber ist es wirklich ein Gewinn, den eigenen Vater nicht zu verstehen?

So unterschiedlich diese zwei Fälle sind, sie haben, wie ich finde, etwas gemeinsam. In beiden verbindet sich nämlich Elternliebe mit der Überzeugung, dass Erziehung im Grunde einer Vergewaltigung gleichkommt. Sowohl die Mutter des Dreijährigen wie auch der Vater im zweiten Beispiel glauben, dass sich eine gewissermaßen urwüchsige und daher gesunde Identität bei ihren Kindern ganz von allein herausbildet, und je weniger Einfluss sie auf diesen Prozess nehmen, je weniger sie – überspitzt ausgedrückt – dazwischenpfuschen, desto besser. Mit anderen Worten: Beide misstrauen ihrer eigenen Autorität und reduzieren ihre Rolle als Erzieher auf ein – ihrer Ansicht nach – unschädliches Minimum. Und vielleicht glauben sie sogar, ihrer mütterlichen und väterlichen Verantwortung so eher gerecht zu werden, als wenn sie ihre Kinder fester bei der Hand nähmen.

Ich glaube das nicht. Aber ich verstehe ihre Bedenken. Ich weiß ja, wie schwer es geworden ist, an die eigene Autorität zu glauben. Alle Maßstäbe und Grundsätze wurden in den Zeiten der antiautoritären Revolte zur Willkür erklärt, und jeder, der sich weiterhin auf Normen und Regeln berief, setzte sich dem Verdacht aus, in Wirklichkeit nur seinen Machttrieb ausleben zu wollen. Auf Prinzipien zu bestehen war mit einem Male unmoralisch geworden, und Eltern waren kaum noch in der Lage, für sich selbst zwischen Willkür und verantwortungsvollen Erziehungsmaßnahmen zu unterscheiden. Jede Berufung auf Grundsätze darf seither als Unterdrückungsmaßnahme verstanden werden, und da sich die wenigsten Eltern diesem Verdacht aussetzen wollen, verzichten sie lieber auf ihre Autorität. Die Frage ist nur, ob Kinder davon profitieren.

In diesem Zusammenhang erwähne ich gern eine Begebenheit, die viele Jahre zurückliegt. Als Diakon leitete ich damals eine Freizeit in Tirol. Die Teilnehmer waren Fünfzehn-, Sechzehnjährige, die noch nie im Gebirge gewesen waren. Eines Tages kamen wir überein, am nächsten Morgen einen Berg zu besteigen. Anderntags fanden die jungen Leute unser Vorhaben jedoch zu beschwerlich und protestierten. Ich bestand auf dem Ausflug. Ich malte ihnen das herrliche Panorama aus – und musste sie dennoch buchstäblich hinauftreiben. Je höher wir kamen, desto leiser wurde allerdings ihr Murren. Und oben angekommen, brachen sie in Begeisterung aus. Es hatte sich also gelohnt. Es hatte sich gelohnt, ihnen dieses Maß an Selbstüberwindung abzuverlangen. Es hatte sich für die jungen Leute gelohnt, weil sie nun um eine unvergessliche Erfahrung reicher waren. Und für mich, weil ich erlebt hatte, wie dankbar im Endeffekt eine gute, wohlwollende Autorität von jungen Menschen aufgenommen wird.

Erstaunlich ist das nicht. Denn nur, wer seiner Autorität traut und seine Autorität einsetzt, kann in jungen Menschen etwas auslösen. Kann ihnen Erfahrungen mit sich selbst vermitteln, die sie sonst nie machen würden, kann ihnen Möglichkeiten, Chancen und Wege eröffnen, die ihnen sonst verschlossen blieben, kann ihnen sogar zum Triumph der Selbstüberwindung verhelfen. Nur darf man nicht den Fehler machen, Autorität mit autoritärem Wesen zu verwechseln. Autoritär wäre es, blinden Gehorsam zu verlangen. Etwas ganz anderes aber ist es, im Vertrauen auf seine Autorität Erziehungsmaßnahmen plausibel zu machen und Haltungen zu begründen und konsequent darauf zu achten, dass sich ein Kind an Regeln und Abmachungen hält. Autoritär wäre es, den Weg vorzuschreiben. Wer aber mit Autorität erzieht, bestimmt den Rahmen, in dem sich ein Kind entfalten kann. Im Idealfall ist dieser Rahmen weit genug, um ihm Freiheit zu lassen, und eng genug, um ihm Sicherheit und Geborgenheit zu schenken. Ich meine also, dass Kindern nichts Besseres passieren kann als Eltern, die sich auf ihre Autorität besinnen.

Um nun auf Mütter zurückzukommen, die sich als gute Fee ihrer Kinder verstehen: Jedes Kind muss lernen, dass es nicht immer nach dem eigenen Kopf gehen kann. Das ist das kleine Einmaleins des Lebens. Jedes muss die Erfahrung machen, dass nicht alle Wünsche erfüllt werden, selbst wenn sie erfüllbar sind. Erfüllungsverzögerung ist ein wesentliches Element der Erziehung. Auf diese Weise lernt ein junger Mensch nämlich, dass Verzicht überhaupt in Betracht kommt – und der Verzicht stets ebenso zur Wahl steht wie die Erfüllung. Nur wer das verstanden hat, ist in seinen Entscheidungen frei. Andernfalls ... Man kennt das ja von früher. Seinerzeit waren es die Großmütter, die ihren Enkeln alles durchgehen ließen, weil sie eine rein sentimentale Beziehung zu ihnen hatten. Meist kamen lebensuntüchtige Kinder dabei heraus, wenn Großmütter die Erziehung übernahmen, Kinder, die keine Zurückweisung verkrafteten, die bei geringfügigen Misshelligkeiten in Zorn gerieten und aufgaben. Zu einer selbständigen Persönlichkeit wird man eben durch Reibung, nicht durch Streicheln.

Ich muss manchmal fast schmunzeln, wenn ich erlebe, wie Kinder heute den Spieß umdrehen. Hatten Eltern früher die Unart, ihre Kinder durch Liebesentzug zu bestrafen, so verstehen es Kinder mittlerweile ganz prächtig, die Eltern ihrerseits durch Liebesentzug weichzukochen. Die guten Feen halten es ja kaum aus, auch nur vorübergehend nicht geliebt zu werden. Das Problem ist, dass die Eltern-Kind-Beziehung heute weitgehend oder vollständig auf der Gefühlsebene abgehandelt wird. Da geht es in der Erziehung gar nicht mehr um die Zukunft eines Kindes, da geht es vielmehr um augenblickliche Glückserfahrungen, um Narzissmus, um Selbstverliebtheit und die Unfähigkeit, Konflikte zu ertragen und Spannungen auszuhalten. Auch die Willfährigkeit, die dem Kind jeden Wunsch von den Augen abliest, um ihn umgehend zu erfüllen, hat das Kindeswohl gar nicht mehr im Auge. Das Kind ist hier nur Mittel zum Zweck, und seine Wünsche werden befriedigt, um das Elterngewissen zu beruhigen, um sich der eigenen Verantwortung auf die schnellste und einfachste Weise zu entledigen. Jeder kindliche Unmut wird als unerträglich empfunden, selbst der vorgespielte Unmut, selbst der strategisch eingesetzte Unmut, alles löst maßloses Mitleid aus. Man tröstet sein Kind dann, um sich selbst zu trösten, man hält es bei Laune, um sich selbst bei Laune zu halten, man verteidigt es, weil man sich selbst verteidigen zu müssen meint. Aus einer solchen Erziehung ist jeder Gedanke an das Kind als eigenständige Person verbannt.

Alexander, vierzehn Jahre alt, war das Resultat einer solchen Erziehung. Er trank, wie mir seine Mutter erzählte, er schwänzte die Schule, er stahl Geld für Alkohol, er zog Nacht für Nacht mit seiner Clique umher. Einmal hatte sie ihn im Krankenhaus abholen müssen, wo man ihn betrunken eingeliefert hatte. Sie war ratlos. Sie hatte geglaubt, seine Kinder gewähren zu lassen, sei das erste Gebot der Elternliebe. Ich war daher nicht überrascht zu erfahren, dass ihrem Sohn jedes Selbstbewusstsein fehlte. Wie hätte es sich entwickeln sollen, bei dieser Erziehung? Das Selbstbewusstsein wächst mit den Schwierigkeiten, die einer überwindet – was beim Sport jedem einleuchtet, beim Klettern zum Beispiel, bei dem es nicht um Hochleistungen geht, sondern um Anstrengung und die anschließende Freude, es geschafft zu haben. Der Weg des geringsten Widerstands aber führt oft in den Alkohol. Natürlich wird es Mühe kosten, einen Vierzehnjährigen wie Alexander wieder auf den rechten Weg zu bringen. Man wird mit ihm reden müssen, ihm klarmachen müssen: Es geht um dich, du zerstörst dein Leben. Man wird ihm neue Erziehungsziele und neue Forderungen plausibel machen müssen. Er wird starker Kontrolle bedürfen und geduldig betreut werden müssen, bevor er ein Minimum an Selbstdisziplin entwickelt hat. Und seine Eltern werden sich eine klare Strategie überlegen müssen, wie der Trainer eines Leistungssportlers. Aber werden sie überhaupt zu der Einsicht gelangen, dass ihr bisheriger Erziehungsstil falsch war? In keinem Bereich fällt es schwerer, Fehler zuzugeben ...

Eine Erfahrung vollkommen anderer Art machte ein Vater mit seinem elfjährigen Sohn, nachdem dieser ein katholisches Internat besuchte. Obwohl aus gutem Elternhaus, hatte sich der Junge in der Grundschule als hemmungsloser Schläger hervorgetan. Seit seinem Eintritt ins Internat aber war er wie ausgewechselt. «Plötzlich war er friedlich», erzählte mir sein Vater. «Ich habe ihn darauf angesprochen, und er platzte gleich mit seiner Erklärung heraus. Er sagte: ‹Da herrschen Regeln, die für alle gelten, und die Lehrer sorgen dafür, dass sich jeder dran hält. Deshalb brauche ich mich jetzt nicht mehr selbst zu verteidigen.› Seither ist er jedenfalls nie wieder in eine Schlägerei verwickelt gewesen.»

Eigentlich also ganz einfach. Man muss nur einmal verstanden haben, dass Freiheit eben nicht die Abwesenheit von Regeln bedeutet, dass Freiheit vielmehr auf Regeln beruht. Man muss als junger Mensch nur einmal erlebt, am eigenen Leib erfahren haben, dass eine vernünftige Disziplin, eine erkennbare Struktur einem tatsächlich hilft, sein Leben in den Griff zu bekommen.

Und damit möchte ich auf den Vater zurückkommen, der so ängstlich darauf bedacht ist, seine Kinder nicht zu manipulieren:

Ich finde gut, dass er eine solche Achtung vor der Freiheit seiner Kinder hat. Aber er verkennt meiner Ansicht nach, dass Kinder auch eine kulturelle Identität brauchen, dass sie Kriterien zur Beurteilung ihrer Welt entwickeln und lernen müssen, persönliche Standpunkte einzunehmen. Dieser Vater hatte es zwar verstanden, seinen Kindern emotionale Geborgenheit zu schenken, aber intellektuell waren sie bei ihm heimatlos geblieben. Nichts, keine Idee, keine Weltanschauung, keine Lebenseinstellung sollte sie prägen, solange sie noch nicht imstande waren, das Für und Wider abzuwägen. Aus Sorge, sie zu beeinflussen, hatte er seine Kinder auch von allem ferngehalten, was mit Kirche, Glauben oder Religion ganz allgemein zu tun hat – ihre Entscheidung für oder gegen den Glauben sollten sie später nach eigenem Gutdünken treffen. Auch das hielt er für ein Gebot der Freiheit, die man seinen Kindern schuldet.

Solchen Eltern begegne ich immer häufiger. Eltern, die meinen, sich auf die Rolle des neutralen Vermittlers beschränken zu müssen. Viele von ihnen lassen zum Beispiel ihre Kinder deshalb nicht taufen, damit sie sich später frei für oder gegen eine Konfession, für oder gegen die Kirche entscheiden können. Das Problem ist nur: Sie gehen dabei von einer völlig falschen Religionsvorstellung aus. Denn Religion ist keine rein intellektuelle Angelegenheit, kein abstraktes Lehrsystem, dessen Vor- und Nachteile man wie bei einer Kaufentscheidung abwägen könnte. Religion soll nicht einleuchten, sie soll sich im Leben bewähren, und deshalb muss ein junger Mensch in sie hineinwachsen. Er muss eine Gemeinde erleben, den gemeinsamen Gesang, das gemeinsame Gebet, den Aufschwung der Seele im Augenblick tiefen Berührtseins. Kurz: Er muss zunächst eine religiöse Identität erwerben, und dazu kommt es eben nur dann, wenn er sich dem Einfluss dieser Religion aussetzt. Die Freiheit eines Kindes beeinträchtigt das in keiner Weise, weil es sich später trotzdem dagegen entscheiden kann. Vorher aber muss es mit dem, was zur Entscheidung ansteht, überhaupt erst einmal vertraut gemacht worden sein.

Ich stelle mir vor, der Vater aus unserem Beispiel wäre ein begeisterter Fußballanhänger. Hätte er seinem Sohn dann gesagt: «Ich gehe ins Stadion, du aber bleibst zu Hause, bis du alt genug bist, dich für oder gegen eine Fußballbegeisterung zu entscheiden. Mit achtzehn Jahren kannst du wählen, ob du Fußball magst oder nicht»? Wohl kaum, weil ein solches Verhalten völlig an der Lebenswirklichkeit vorbeigeht. Damit sie an etwas Gefallen finden, muss ein Vater seine Kinder mit seinem Enthusiasmus anstecken, und wenn er keinen Hehl aus seiner Leidenschaft macht, wächst ein Kind wie selbstverständlich in die Lebenswelt seines Vaters hinein. Verzichtet der Vater darauf, dann nehmen sich andere der kulturellen Identität seiner Kinder an. Eine Prägung erfolgt so oder so, und zu entscheiden gibt es da nicht viel: Kultur ist Schicksal, ebenso wenig gewollt oder gewählt wie die eigene Haut.

Wie kommt es eigentlich zu derartig blutleeren Vorstellungen von Kultur? Offenbar schrecken viele Männer heute davor zurück, als Väter gleichzeitig ein Vorbild für ihre Kinder zu sein. Sie bringen heute nicht mehr den Mut auf, Verantwortung für die kulturelle Identität ihrer Kinder zu übernehmen. Lieber flüchten sie sich in die Annahme, mit der Kultur verhalte es sich wie mit einem Warenangebot, aus dem man nach Belieben auswählt, und in die Überzeugung, Kinder müssten am besten wissen, was aus diesem Angebot der Meinungen und Überzeugungen für sie infrage kommt. Natürlich ist das falsch. Denn Kultur, das sind gelebte Werte, und ihre Vermittlung ist von Vorbildern abhängig. Wo aber, frage ich mich, finden Kinder Vorbilder, die es besser mit ihnen meinen als Vater oder Mutter? Wo Vorbilder, mit denen sie sich eingehender auseinandersetzen könnten, denen sie aber gleichzeitig auch größeres Vertrauen entgegenbringen dürften? Warum also sollten Eltern die kulturelle

Prägung ihrer Kinder dann anderen Menschen oder anonymen Kräften überlassen? Doch höchstens in der Hoffnung, von der Mitschuld für deren Schicksal freigesprochen zu werden.

Nein, Eltern sollten den Mut aufbringen, das, was sie selbst für richtig und wichtig halten, auch ihren Kindern zu vermitteln. Sie sind dafür verantwortlich, dass ihre Söhne und Töchter nicht im luftleeren Raum aufwachsen. Deshalb bin ich auch der Ansicht, dass die Grundlagen für eine gefestigte Identität nur in der Familie gelegt werden können, nirgendwo sonst, nicht in einer Kindertagesstätte und auch nicht in der Schule – so wichtig beide Einrichtungen selbstverständlich sind. Doch nur Kinder, die ihre entscheidende Prägung durch die Familie erfahren, erleben ihre eigene Lebensgeschichte als Teil einer größeren Geschichte, und nur sie erfahren ihre Identität als Variante einer dauerhafteren, umfassenderen Identität, die sie im günstigen Fall zu Stolz berechtigt und zur Selbstachtung verpflichtet. Die Verwurzelung in einer Familienkultur mit ihren kleinen Alltagsritualen, ihren gegen den Trend zur Geschichtslosigkeit gepflegten Traditionen, ihren Strukturen, die Bedeutsamem seinen festen Platz im Tagesablauf zuweisen, spielt für die Identität eine entscheidende Rolle. Ist diese Verwurzelung nicht gegeben, erwarten Kinder von ihren Eltern auch keine Orientierung. Ich weiß, dass die Familie als Hort allen Übels und Brutstätte aller Neurosen gern herabgewürdigt wird. Ich halte das für ein Desaster – genauso übrigens wie den Triumph eines Feminismus, der Mütter als Heimchen am Herd oder Muttertiere lächerlich macht. Aus meiner eher römischen Perspektive zeigt sich in solchen Urteilen vor allem die alte deutsche Leidenschaft, das Kind mit dem Bade auszuschütten.

Darüber hinaus scheint mir hier aber auch die Vorstellung am Werk zu sein, eine gute Welt müsse eine Welt völliger Harmonie sein. Das ist keine realistische Sichtweise. Spannungen sind ein Zeichen von lebendiger Dynamik, sie müssen nicht mit radikalen Rezepten aus der Welt geschafft, sondern ausgehalten und fruchtbar gemacht werden. Es wäre ja nichts gewonnen, wenn Ehe und Familie romantischen Illusionen zum Opfer fallen würden. Promiskuität kann kein gesellschaftliches Ideal sein. Wir sollten uns daher noch einmal vor Augen führen, dass die Ehe viel mehr als ein juristisches Phänomen ist. Sie erfüllt einen sinnvollen Zweck innerhalb der Kultur einer Gesellschaft, denn zum einen werden mit der Ehe bestimmte Verpflichtungen übernommen, zum anderen werden in Ehe und Familie tagtäglich Primärtugenden wie Ehrlichkeit, Treue, Verantwortung und Versöhnlichkeit ausgelebt und vorgelebt. Diese Tugenden sind nicht leicht zu definieren und schon gar nicht theoretisch zu vermitteln, man kann sie auch nicht anerziehen und kontrollieren wie Pünktlichkeit oder Sauberkeit – sie müssen am Beispiel der Eltern erfahren werden. Man wird sich also gewiss immer wieder überlegen müssen, wie die Ehe reicher, liebevoller, menschlicher zu gestalten wäre. Aber es kann keine Lösung sein, sie zur Disposition zu stellen oder dadurch zu entwerten, dass man alles Ehe nennt, was irgendwie unter Partnerschaft fällt.

Wenn ich dafür plädiere, zum Leitbild der Familie zurückzukehren, dann habe ich dabei eine Sache ganz besonders im Auge: die gemeinsame Mahlzeit von Kindern und Eltern. Die Mahlzeit am Familientisch ist das zentrale Ritual im Familienleben, von höchstem symbolischem Wert, Ausdruck des Gemeinschaftsgefühls, Inbegriff der Gemeinschaftserfahrung. Am Mittags- oder Abendbrottisch nimmt die Familie Gestalt an, und mehr noch als der Familienurlaub fördert das gemeinsame Essen das Zusammengehörigkeitsgefühl sämtlicher Familienmitglieder. Außerdem lernen Kinder bei Tisch, Rücksicht aufeinander zu nehmen. Wenn Eltern also sagen: «Mein Kind kann essen, wann es will, es steht immer etwas im Kühlschrank», wenn ich höre, dass Kinder sich ihr Frühstück nebenbei auf dem Schulweg am Kiosk besorgen müssen, dann kann ich mir ein Bild davon machen, wie weit der Zerfall der Familie vorangeschritten ist. Ich möchte deshalb daran erinnern, dass man seine Kinder fundamentaler Erfahrungen beraubt, wenn man sie nur noch vor sich hinfuttern lässt. Nicht nur, dass diese Kinder ihre Familie nicht mehr als Gemeinschaft erleben, auch das Bewusstsein von der Heiligkeit des Essens geht verloren, wenn die Mahlzeit zur banalen Sättigungsprozedur verkommt. Und dieser Verlust hat weitreichende Folgen. Bei Selbstversorgerkindern wird sich kaum noch jenes Gefühl der Dankbarkeit einstellen, das eine grundlegende Bedingung für ein glückliches Leben darstellt, denn wer gewöhnt ist, einfach an den Kühlschrank oder schnell mal zum Kiosk zu gehen, sobald er Hunger verspürt, der wird sich nicht mehr als Beschenkter fühlen.

Überall auf der Welt bedeutet Essen mehr, als sich den Magen vollzuschlagen. In allen Kulturen dieser Erde ist es ein Erlebnis, bei dem sich der Respekt voreinander mit der Ehrfurcht vor den guten Gaben verbindet, die auf den Tisch kommen. Auch wir Benediktiner messen dem gemeinsamen Mahl größte Bedeutung zu. Nicht nur die Gemeinschaft untereinander, auch die Gemeinschaft mit Gott spielt eine Rolle, wenn wir uns alle im Refektorium, dem Speisesaal des Klosters, versammeln und so lange vor unseren Plätzen stehend ausharren, bis das Dankgebet verklungen ist. Während der Mahlzeit ist es dann von großer Wichtigkeit, den Speisen dieselbe Aufmerksamkeit zu schenken wie den Umsitzenden, um einander bei Bedarf die Weinflasche oder die Fleischschüssel zu reichen, und abschließend Gott noch einmal im Chor zu danken. Allein der leere Speisesaal in Sant' Anselmo, mit seinen Fluchten langer Tische für mehr als hundert Menschen, beeindruckt mich, sooft ich ihn betrete. Diese langen Tische rufen bei mir immer die Vorstellung des Gastmahls im Himmel wach, das Jesus als Bild für die ewige Seligkeit benutzt hat. Gönnen wir unseren Kindern diesen Vorgeschmack auf den

Himmel. Bewahren wir die Sitte der gemeinsamen Mahlzeit am Familientisch. Vergessen wir nicht, dass jede Kultur letzten Endes auf dieser Gemeinschaftserfahrung beruht.

16 DAS SCHLUMMERNDE INTERESSE WECKEN
Menschen führen im Schulunterricht

Abtprimas Notker Wolf

Zu der Zeit, als ich in Sant'Anselmo Philosophie lehrte, hatten wir Professoren ein ähnliches Verhältnis zu unseren Studenten wie in der Antike Aristoteles zu seinen Schülern. Wir standen damals in einem engen Kontakt miteinander, und oft saß noch spät am Abend ein ganzer Pulk von Studenten in meinem Zimmer, um mit mir über Philosophie, über Gott und die Welt zu diskutieren. Als Professor war man damals tatsächlich so etwas wie der geistige Vater seiner Studenten. Und bisweilen konnte man es sich sogar leisten, Gnade vor Recht ergehen zu lassen.

Ich erinnere mich an einen Studenten aus der Ukraine, der nach Südamerika gehen und dort unterrichten sollte – nach Lage der Dinge aber war es zweifelhaft, ob er sein Studium überhaupt schaffen würde. Eines Tages lag mir seine Arbeit fürs Lizenziat vor, und beim Durchlesen fiel mir auf, dass jedes der drei Kapitel einen anderen Sprachstil aufwies. Ich ging also in die Bibliothek und machte mich auf die Suche. Das erste Kapitel entdeckte ich in der Jesuitenzeitschrift *Civiltà Cattolica*. Das zweite stellte sich als Beitrag des französischen Existenzialisten Gabriel Marcel in der *Revue philosophique de Louvain* heraus. Den Urheber des dritten konnte ich nicht ermitteln, wahrscheinlich handelte es sich um einen ukrainischen Autor; der eigenen Feder entstammte jedenfalls auch dieser Teil seiner Arbeit nicht. Anderntags ließ ich diesen Studenten kommen und erklärte ihm: «Hör mal, das kann ich dir unmöglich durchgehen lassen. Das ist ein Plagiat. Aber ich weiß, du steckst in der Klemme. Weißt du was? Schreib das Ganze noch einmal in deinen eigenen Worten nieder, damit ich sehe, dass du den

Stoff verdaut hast.» Das hat er gemacht – und das Examen mit Ach und Krach bestanden.

Jahrzehnte später werde ich als Abtprimas zu einem Fest der Basilianer geladen, die hier auf dem Aventin ganz in der Nähe von Sant'Anselmo ihre Niederlassung haben. Ich gehe hinüber – und staune nicht schlecht, als eben dieser ukrainische Student auf mich zutritt. Inzwischen hatte er es zum Generaloberen der Basilianer gebracht! «Wenn du wüsstest, welchen Dienst du mir damals erwiesen hast», sagt er zu mir. «Du hattest ja völlig recht. Es war mir eine große Lehre. Und heute bin ich für meine Ordensbrüder von der Ukraine bis Brasilien zuständig ...»

Die Menschlichkeit, so meine Erfahrung aus der Zeit meiner eigenen Lehrtätigkeit, spielt im Verhältnis zwischen Unterrichtendem und Schüler eine enorme Rolle. Die Menschlichkeit und die menschlichen Qualitäten des Lehrers. So wenig die Kunst der Menschenführung in einem Unternehmen darin besteht, Untergebene mit Arbeit einzudecken und zu Höchstleistungen anzutreiben, so wenig besteht diese Kunst im schulischen Bereich darin, Schüler unter Anwendung didaktischer Strategien mit Informationen vollzustopfen, damit sie die jeweils nächste Prüfungshürde nehmen. Weder Mitarbeiter noch Schüler funktionieren auf Knopfdruck. Sie sind keine Roboter. Mitarbeiter reagieren auf ein inhumanes Arbeitsklima in ihrer Firma mit hinhaltendem Widerstand, Dienst nach Vorschrift oder innerer Kündigung. Schüler ziehen einfach nicht mit oder sabotieren den Unterricht, wenn es dem Lehrer nicht gelingt, eine menschliche Atmosphäre im Klassenzimmer herzustellen. Beide, Vorgesetzte wie Lehrer, erreichen nur dann etwas, wenn sie ihre Leute auf ein gemeinsames Projekt einzustimmen, für ein gemeinsames Ziel zu gewinnen verstehen, also zu integrieren, zu motivieren und zu stimulieren vermögen. Mit anderen Worten: Erfolg haben beide dann – und nur dann –, wenn sie eine menschliche Grundlage im Verhältnis zu denen schaffen, die ihnen anvertraut sind.

Ich meine daher, dass man von einem Lehrer in allererster Linie erwarten darf, seinen Schülern mit einem grundsätzlichen Wohlwollen zu begegnen. Lehrer müssen ein Herz für junge Leute haben. Das ist keine Sentimentalität, kein romantisches Wunschdenken. Ich will drei Gründe dafür anführen. Der erste: Man arbeitet als Lehrer aufs Geratewohl. Über den nachprüfbaren Lernerfolg nach einem oder zwei Schuljahren hinaus wird man in den seltensten Fällen erfahren, ob die eigenen Bemühungen gefruchtet haben, was aus diesem oder jenem Schüler nun tatsächlich geworden ist. Welche Überraschungen man da erleben kann, zeigt das eingangs erwähnte Beispiel meines ukrainischen Studenten. Alles ist möglich. Deshalb darf man keinen abschreiben, keinen als hoffnungslosen Fall abstempeln. Jedem Schüler muss man einen Vertrauensvorschuss auf seine Fähigkeiten gewähren, und zwar immer wieder, auch nach wiederholten Pleiten. Nicht nur deshalb, weil man niemals mit letzter Sicherheit beurteilen kann, was tatsächlich alles in einem jungen Menschen steckt und ob der Knoten nicht doch irgendwann platzt, sondern auch um zu verhindern, dass ein Kind den Glauben an sich selbst verliert – was so ziemlich der schlimmste pädagogische Fehler wäre, der einem Lehrer unterlaufen kann. Es mag sein, dass sich ein Schüler selbst alle Zukunftschancen verbaut. Aber es sollte nicht vorkommen, dass ein Lehrer einen Schüler aufgibt. Als Lehrer muss man also ein erhebliches Maß an Beharrlichkeit, Geduld und Menschenfreundlichkeit aufbringen, und das wird nur denen gelingen, die ihre Schüler mögen.

Der zweite Grund: Es ist großartig für Kinder, wohlwollende Autorität zu erleben, zu spüren, dass ein Erwachsener ihr Bestes will. Sie werden gern im Unterricht mitarbeiten, wenn sie merken, wie viel ihrem Lehrer an jedem Einzelnen von ihnen liegt. Und sie werden ihm ihr Vertrauen schenken, wenn er über jeden Verdacht erhaben ist, sich von Sympathien für den einen oder Ressentiments gegenüber dem anderen leiten zu lassen. Es geht in der Schule eben nicht allein um Leistung, Zensuren und Berufsperspektiven, sondern auch um menschliche Erfahrungen, die sich aufs ganze Leben auswirken können – und ein unbestechlicher, gerechter Lehrer ist ein Vorbild, das im Gedächtnis haften bleibt. Unter meinen eigenen Lehrern gab es einen, der furchtbar unbequem war. Aber als er die Schule verließ, mussten wir uns eingestehen: Dieser Mann war als Lehrer gerecht gewesen. Der verkörperte für uns die Gerechtigkeit. Gewiss profitieren Schüler schon im Schulalltag unendlich von einem Lehrer, bei dem sie sicher sein dürfen, dass er sie alle gleichermaßen fördern und unterstützen und weiterbringen will. Wenn dann aber noch ganz persönliche, menschliche Qualitäten hinzukommen, umso besser. Ich glaube: Dieses Wohlwollen, das sich auf alle Schüler einer Klasse erstreckt, dieser Respekt, der alle in ihrem Wunsch nach Beachtung und Anerkennung ernst nimmt – auch dies wird ein Lehrer, der keine Zuneigung zu jungen Menschen empfindet, kaum aufbringen.

Und der dritte Grund: Es geht in der Schule weniger darum, Lehrstoff einzutrichtern, als vielmehr das schlummernde Interesse an der Welt in jedem Kind zu wecken. Ein Lehrer sollte seine Schüler also dahin bringen, ihre eigene Neugier zu entdecken. Die Neugier steht am Beginn jeder Philosophie und aller Wissenschaft. Ich selbst habe als Schüler und später auch als Erzabt Nachhilfeunterricht erteilt, habe mich besonders gern der «hoffnungslosen» Fälle angenommen. Mein Ehrgeiz war es dabei immer, bei ihnen die Neugier auf den Stoff zu wecken und ihnen Freude an der Anstrengung zu vermitteln – in der Überzeugung, dass jede gelöste Aufgabe ein weiterer Schritt zu einem begründeten Selbstwertgefühl ist. Lehren sollte ein ganzheitlicher Prozess sein, andernfalls ist es Dressur und Abrichtung auf banale Daseinszwecke. Doch den Menschen auf diese Weise als Ganzes in den Blick zu nehmen, wird wiederum nur jenen Lehrern gelingen, die ihre Schüler grundsätzlich mögen.

So gesehen sollte eigentlich außer Frage stehen, dass die Person des Lehrers eine entscheidende Rolle für die Qualität des Unterrichts spielt. Meines Erachtens jedenfalls unterscheidet die Persönlichkeit einen guten Lehrer von einem Funktionär des Bildungssystems. Das Problem ist nur, dass unsere Bildungspolitiker anderer Auffassung sind. Am liebsten würden sie per Gesetz ausschließen, dass die Persönlichkeit im pädagogischen Bereich überhaupt zur Geltung kommt. Unsere Volksvertreter trauen dem Volk nicht mehr über den Weg, und Lehrern schon gar nicht. Es gilt als ausgemacht, dass der Mensch seine Autorität missbraucht, sobald man ihn gewähren lässt. Da ist es dann das Sicherste, die Lehrer an die kurze Leine grotesk überfrachteter Lehrpläne und des Katechismus der gerade gültigen didaktischen Theorie zu legen. Bloß nicht zugeben, dass die herkömmlichen Lehrmethoden auch nicht schlechter waren! Allein das unsinnige Verbot des Erzählens! Schließlich kann man durch nichts schneller und nachhaltiger das Schülerinteresse wecken als durch Erzählen – ganz abgesehen davon, dass sich die sprachlichen Fähigkeiten der Schüler nicht zuletzt an der Sprache des erzählenden Lehrers bilden. Mein Rat an Lehrer lautet: Nehmen Sie sich die Freiheit, Ihren Unterricht möglichst abwechslungsreich zu gestalten, kombinieren Sie lehrerzentrierte Unterrichtsformen mit schülerzentrierten, Projektarbeit mit erzählerischen Einlagen und dem Einsatz unterschiedlicher Medien, stellen Sie den Bezug zwischen Theorie und Praxis her, zeigen Sie, wie der Lehrstoff mit dem Leben zusammenhängt. Mit anderen Worten: Lassen Sie sich nicht zum Sklaven der herrschenden Didaktik machen. Geben Sie nicht dem Druck von Ideologen nach, die seit Jahrzehnten versuchen, den menschlichen Faktor im Bildungswesen auszuschalten, die den Lehrer zu einem Techniker der Wissensvermittlung machen und seine Rolle auf den eines Impulsgebers reduzieren wollen. Die Praxis zeigt, dass Schüler dann mitziehen, wenn ein Lehrer nicht nur Stoff vermittelt, sondern gleichzeitig durch seine Persönlichkeit überzeugt, einen eigenen Stil hat, ein guter Erzähler ist, der auch in naturwissenschaftlichen Fächern etwas über Hintergründe mitteilen oder aus der Wissenschaftsgeschichte berichten kann, der souverän ist und Autorität hat, über vieles auf dem Laufenden ist und vielleicht sogar über Humor und Selbstironie verfügt.

Wenn mancher Lehrer heutzutage vor den Herausforderungen seines Berufs kapituliert, liegt es allerdings oft weniger daran, dass er seiner eigentlichen pädagogischen Aufgabe nicht gewachsen oder fachlich schlecht wäre. Es kommt vielmehr daher, dass die Schule mittlerweile sowohl die Versäumnisse der Eltern als auch die Irrtümer der Politiker ausbaden muss. Die einen schieben ihre Erziehungsverantwortung immer häufiger auf die Schule ab, verweigern dem Lehrer aber im Konfliktfall die Unterstützung, ergreifen bedingungslos die Partei ihrer Kinder und drohen womöglich mit dem Anwalt. Die anderen unterwerfen die Schule ihren gesellschaftspolitischen Zwecken und gefährden Bildung und Bildungsideale im Namen sozialer Gleichheit. Die Souveränität eines Lehrers ist unter diesen Umständen noch ganz anderen Attacken ausgesetzt als die eines Vorgesetzten in der Wirtschaft. Wenn man Souveränität als die Fähigkeit der inneren Balance zwischen Distanz und Engagement definiert, dann kann man sich vorstellen, welcher inneren Zerreißprobe Lehrer ausgesetzt sind, von denen einerseits ein besonderes pädagogisches Engagement erwartet wird, die andererseits aber die nötige Distanz nur mühsam wahren können angesichts der wachsenden Zahl schwieriger, undisziplinierter, auch lernunwilliger Schüler. Wie kann ein Lehrer trotzdem vermeiden, im Schulalltag aufgerieben zu werden?

Gegen die Machenschaften der Politik ist er natürlich machtlos. Umso größer ist sein Einfluss im Klassenzimmer, wenn er selbst ein Vorbild für all das abgibt, was er von seinen Schülern erwartet. Das beginnt mit seinem Erscheinungsbild. Wer glaubt, in seiner Kleidung den Trends der Jugendkultur folgen und die Aufmachung seiner Schüler nachahmen zu müssen, biedert sich an, und Anbiederung wird von jungen Leuten umgehend als Mangel an Selbstachtung interpretiert. Recht haben sie.

Die Grenze zwischen der Sphäre des Lehrers und der der Schüler zu verwischen, hieße im Übrigen, antiautoritäre Augenwischerei zu betreiben. Darüber hinaus sollte ein Lehrer ein Vorbild an Höflichkeit, an Respekt und Selbstbeherrschung sein. Er darf sich nicht angegriffen fühlen. Er darf sich nicht zu persönlichen oder ironischen Bemerkungen provozieren lassen, er darf sich erst recht nicht zu gereizten Reaktionen hinreißen lassen. Wie patzig eine Antwort, wie frech eine Bemerkung, wie unverschämt ein Vorwurf sein mag – ein Lehrer sollte darauf mit der respektvollen Höflichkeit antworten, die der andere vermissen lässt. Eine unaufgeregte, sachlich begründete Entgegnung wirkt fast immer Wunder. Wer mit freundlicher Bestimmtheit die Dinge gerade rückt, wer im Tonfall sachlicher Notwendigkeit erklärt, was er verlangt, wird auch dem größten Störenfried den Wind aus den Segeln nehmen – und eine Atmosphäre schaffen, in der Konflikte einvernehmlich gelöst werden können. Ein schönes Beispiel dafür verdanke ich einem altgedienten Lehrer, den eine ruhige Autorität auszeichnet.

«Mein Unterricht lag in der ersten Stunde», sagte er, «und ich erlebte Woche für Woche, dass die Hälfte der Schüler zu spät kam. Einige trudelten regelmäßig eine halbe Stunde nach Unterrichtsbeginn ein. Ich redete mit der Klasse darüber. Seltsamerweise sprachen sich selbst diejenigen, die notorisch zu spät kamen, für Sanktionen aus. Einer schlug vor, ich solle eine Strichliste anlegen – wer dreimal zu spät käme, müsse einen Kuchen mitbringen. Ich ließ mich darauf ein, aber es änderte sich nichts. Sie lieferten ihren Kuchen ab, erschienen aber weiterhin zu spät zum Unterricht. Ich brachte das Thema erneut zur Sprache, und nun wurde der Vorschlag gemacht, die Tür des Klassenraums nach Unterrichtsbeginn einfach abzuschließen. Wieder waren alle dafür, ohne Ausnahme. Wir haben es dann auch tatsächlich so gemacht, jedes Mal um kurz nach acht habe ich die Tür verschlossen, und siehe da, jetzt waren alle pünktlich.»

Ich bin sicher, dass sich die Eskalation von Konflikten im Klassenzimmer verhindern lässt, ja, dass viele Konflikte erst gar nicht auftreten, wenn man als Lehrer wirklich ins Gespräch mit seinen Schülern kommt, von Anfang an. Natürlich sind Lehrer damit überfordert, das nachzuholen, was an Erziehung im Elternhaus versäumt wurde. Aber sie können ein Beispiel für zivilisierte Umgangsformen und eine respektvolle Streitkultur geben, das seine Wirkung auf Dauer nicht verfehlen dürfte. Wenn aber gar nichts hilft, sind Sanktionen fällig. Es ist nun einmal so, dass mancher ohne die Androhung von Strafen keinen Grund sieht, eine Regel zu beherzigen, und individuelles Versagen darf nicht der Gemeinschaft als Ganzes schaden. Lehrer sollten deshalb die Autorität und die rechtlichen Möglichkeiten haben, Gehorsam zu verlangen und zur Not zu bestrafen – ohne Rücksicht auf die Stimmung in der Klasse, ohne Angst vor der Reaktion von Eltern und auch auf die Gefahr hin, dass ein Schulleiter, der bei jedem Tadel um den Ruf seiner Schule fürchtet, nicht mitzieht.

Schließlich ist es Aufgabe des Lehrers, Leistung zu verlangen. Aus doppeltem Grund. Zum einen müssen Kinder lernen, dass der Prozess individuellen oder gemeinsamen Erarbeitens nicht alles ist, sondern im Endeffekt das Ergebnis zählt. Und zum anderen geht es, wie schon gesagt, um das Selbstwertgefühl der Schüler und die beglückende Erfahrung, immer klüger zu werden und sich die Welt durch Wissen zu erschließen. Vor allem begabte Kinder müssen gefordert werden, sonst verlieren sie das Interesse an der Schule. Als Erzabt von Sankt Ottilien habe ich meine intelligenten jungen Mönche auf die anspruchsvollsten Studien angesetzt, um zu verhindern, dass sie sich langweilen. Gerade bei jungen Menschen, die alles aus dem Ärmel schütteln, besteht die Gefahr zu versagen, wenn sie nicht rechtzeitig lernen, dass zum Talent der Fleiß kommen muss. Eine Kultusbürokratie, die nach dem Pisa-Schock auf einmal auf Leistung drängt und Schüler bis über beide Ohren mit Lehrstoff eindeckt, scheint mir allerdings auf dem Holzweg zu sein. Gängeln und Gehirne zukleistern hilft nicht weiter, und die Bildungsmisere ist nicht dadurch zu beheben, dass man den jungen Leuten die Freude an der Leistung vergällt. Anstrengung und Muße gehören zusammen, weil Kreativität nicht unter Druck gedeiht. Man muss auch einmal in den blauen Himmel starren dürfen, ohne ein schlechtes Gewissen zu haben.

Lehrer wissen das in der Regel. Inzwischen sind es eher die Eltern, die Väter vor allem, die sich und ihre Kinder unter Erfolgszwang setzen und die Leistungspeitsche schwingen. «Es vergeht kein Elternabend», erzählte mir ein Lehrer, «an dem nicht wenigstens ein Vater mit einer Broschüre wedelt und mich vorwurfsvoll fragt: ‹Hier, das ist die neueste Lehrmethode. Warum unterrichten Sie nicht nach ihr?› Und der keinen Zweifel daran lässt, dass er eine Woche später Ergebnisse sehen will.» Offenbar greift der Irrglaube um sich, alles planen zu können, und deshalb alles planen zu müssen. Man will die Erfolgsgarantie – für die Schulkarriere, für die Berufskarriere, für das Lebensglück der Kinder. Da müssen dann Programme her, Ratgeber studiert und Expertenmeinungen eingeholt werden. Der gesunde Menschenverstand hat ausgedient, jeder schwört auf ein anderes Verfahren und kann das Resultat kaum erwarten. «Viele Eltern haben überhaupt kein Verständnis mehr dafür, dass sich Kinder langsam entwickeln», sagte mir derselbe Lehrer. «Sie erwarten von jeder Maßnahme schnelle Ergebnisse, sie rechnen mit prompten Erfolgen, und wenn sich die nicht nach kürzester Zeit einstellen, verwerfen sie die eine Methode und wenden sich umgehend der nächsten zu. Dass Entwicklung Zeit braucht, ist ihnen fremd.»

Auch in dieser Hinsicht sollten wir uns also kritisch prüfen, ob wir uns vom Zeitgeist allzu weit haben fortreißen lassen. Unsere Welt ist ja geprägt von dem Glauben, dass alles technisch machbar sei, dass man jeden Reifungsprozess beschleunigen könne und nichts mehr organisch wachsen zu lassen brauche. Das mag auf Tomaten zutreffen, aber nicht auf Menschen. Intellektuelle Entwicklung braucht Zeit. Geistiges Wachstum braucht Zeit. Man kann deshalb Erziehung und Bildung nicht wie die Gewinnmaximierung in der Wirtschaft oder an der Börse betreiben. Andernfalls droht ein Zustand, in dem wir uns nicht mehr als Geschöpfe und Ebenbild Gottes verstehen, sondern nur noch als Rädchen im Getriebe, als Verbraucher oder als Arbeitskraft, als Verfügungsmasse für Staat und Kapital, als Versuchskaninchen für die Wissenschaft oder als Rohstoff für Schönheitschirurgen. Keine Kunst der Menschenführung – ob im Bereich der Wirtschaft, der Erziehung oder der Schule – taugt etwas, wenn sie nicht auf dem Respekt vor der Einzigartigkeit, der Individualität und der Menschenwürde derer basiert, die uns anvertraut sind, wenn sie nicht grundsätzlich von der Achtung vor der Freiheit des anderen und dem Recht auf den eigenen Lebensweg ausgeht.

Ein Wort zum Schluss: Schwester Rosanna und ich haben im zweiten Teil unseres Buches auf manches hingewiesen, was wir als Fehlentwicklung betrachten, haben von der Krise der Gesellschaft, der Familie und der Erziehung gesprochen. Wir hätten uns allerdings nicht die Mühe gemacht, Wege aus diesen Krisen aufzuzeigen, wenn wir die Lage für hoffnungslos verfahren und alle Anstrengungen, sie zum Besseren zu wenden, für aussichtslos hielten. Nein, wir sind optimistisch – schon deshalb, weil man in unserem Alter die Erfahrung gemacht hat, dass die gesellschaftliche Entwicklung auch wieder andere Richtungen einschlagen kann. Ich denke da zum Beispiel an unsere Abiturfeiern in Sankt Ottilien. In den Achtzigerjahren nahm sie kein Schüler mehr ernst. Die Abiturienten traten ausnahmslos im

Gammellook auf, und einige erschienen erst gar nicht, weil sie solche Feiern schlicht für Humbug hielten. Die Verweigerer ließen sich gerade noch dazu herab, mein Büro aufzusuchen, um ihr Abschlusszeugnis entgegenzunehmen. Und heute? Heute ist die Teilnahme gar keine Frage mehr. Alle legen Wert darauf, dabei zu sein, und zwar in Schlips und Anzug. Aber es handelt sich dabei nicht um eine resignierte Rückkehr zu überholten Formen. Die jungen Leute legen bei dieser Gelegenheit nämlich nicht mehr die steife Bravheit vorhergegangener Generationen an den Tag, sondern bewegen sich ungezwungen, mit einem selbstverständlichen Selbstbewusstsein. Sie verstehen sich heute auf eine gesunde Mischung aus Höflichkeit und ehrlichem, zwanglosem Auftreten, und es macht Freude, ihnen zuzusehen. Wenn Schwester Rosanna und ich also von Krisen sprechen, dann stets in dem Bewusstsein, dass man daraus auch immer das Beste machen kann.

Genehmigte Lizenzausgabe
für Verlagsgruppe Weltbild GmbH,
Steinerne Furt, 86167 Augsburg

Lektorat: Regina Carstensen
Umschlaggestaltung: Atelier Seidel, Teising
Umschlagfotos: Riccardo Musacchio & Flavio Ianniellllo; privat
Gesamtherstellung: GGP Media GmbH, Pößneck
Printed in the EU

ISBN 978-3-8289-5035-1

2009 2008
Die letzte Jahreszahl gibt die aktuelle Lizenzausgabe an.
Einkaufen im Internet: *www.weltbild.de*